中南林业科技大学森林旅游研究中心
中南生态旅游规划设计有限责任公司
广东龙门南昆山省级自然保护区管理处
中 国 科 学 院 华 南 植 物 园

广东龙门南昆山
省级自然保护区总体规划
（2011-2020）

吴章文 周仲珩 何克军 崔晓东 主 编
张应扬 李雪明 副主编

中国林业出版社

图书在版编目（CIP）数据

广东龙门南昆山省级自然保护区总体规划 : 2011-2020 / 吴章文等主编. -- 北京 : 中国林业出版社,2014.9
（广东龙门南昆山省级自然保护区生物多样性系列丛书）

ISBN 978-7-5038-7682-0

Ⅰ. ①广… Ⅱ. ①吴… Ⅲ. ①自然保护区－总体规划－龙门县－2011-2020 Ⅳ. ① S759.992.654

中国版本图书馆 CIP 数据核字 (2014) 第 235309 号

广东龙门南昆山省级自然保护区总体规划
（2011-2020）

吴章文 周仲珩 何克军 崔晓东 主　编
张应扬 李雪明 副主编

出　　版：中国林业出版社（中国 · 北京）
地　　址：北京西城区德胜门内大街刘海胡同7号

策划编辑：王　斌
责任编辑：刘开运　李春艳　　装帧设计：广州百彤文化传播有限公司

印　　刷：北京雅昌艺术印刷有限公司
开　　本：787 × 1092 mm 1/16
印　　张：7.75
字　　数：160千字
版　　次：2014年12月第1版 第1次印刷
定　　价：128.00元（USD 25.99）

广东龙门南昆山省级自然保护区生物多样性系列丛书
编委会

主　任：周仲珩 陈红锋

副主任：崔晓东 张应扬

委　员：陈红锋 周仲珩 张应扬 崔晓东 吴宏道
吴章文 刘景山 曾锦东

《广东龙门南昆山省级自然保护区总体规划（2011-2020）》
编委会

主　编：吴章文 周仲珩 何克军 崔晓东

副主编：张应扬 李雪明

编　委：陈伟诚 钟国方 林捷夫 刘景山 曾锦东 陈红锋
吴章文 周仲珩 何克军 崔晓东 张应扬 李雪明

广东龙门南昆山省级自然保护区
总体规划领导小组

詹小东　　（惠州市林业局局长）

何克军　　（广东省自然保护区管理办公室主任）

张应扬　　（广东龙门南昆山省级自然保护区管理处主任）

李雪明　　（惠州市林业局副调研员）

陈伟诚　　（惠州市自然保护区与野生动植物保护管理办公室主任）

钟国方　　（广东龙门南昆山省级自然保护区管理处综合科科长）

林捷夫　　（广东龙门南昆山省级自然保护区管理处保护管理科科长）

刘景山　　（广东龙门南昆山省级自然保护区管理处综合科副科长）

广东龙门南昆山省级自然保护区
总体规划人员名单

技术负责： 吴楚材 （教授 博导 中南林业科技大学森林旅游研究中心）
项目负责： 吴楚材 （教授 博导 中南生态旅游规划设计有限责任公司）

主要人员： 吴楚材 （教授 博导 中南林业科技大学森林旅游研究中心）
吴章文 （教授 博导 中南林业科技大学森林旅游研究中心）
陈孝青 （副研究员 中南生态旅游规划设计有限责任公司）
郑群明 （博士 中南林业科技大学森林旅游研究中心）
魏良春 （高级工程师 中南生态旅游规划设计有限责任公司）
黄健屏 （教授 中南林业科技大学森林旅游研究中心）
柏智勇 （教授 博士 中南林业科技大学森林旅游研究中心）
杨道德 （教授 博导 中南林业科技大学野生动植物保护研究所）
魏美才 （教授 博导 中南林业科技大学生命科学学院）
田雪昀 （工程师 中南生态旅游规划设计有限责任公司）
黄智亮 （工程师 中南生态旅游规划设计有限责任公司）
严伟宾 （工程师 中南生态旅游规划设计有限责任公司）
张理英 （工程师 中南生态旅游规划设计有限责任公司）
梅　刚 （工程师 中南生态旅游规划设计有限责任公司）
李　涛 （助理工程师 中南生态旅游规划设计有限责任公司）
蔡文芳 （硕士 中南林业科技大学森林旅游研究中心）
刘晓镜 （硕士 中南林业科技大学森林旅游研究中心）
朱若冰 （助理工程师 中南生态旅游规划设计有限责任公司）
李　洵 （助理工程师 中南生态旅游规划设计有限责任公司）
肖祥艺 （工程师 副站长 湖南省永州市环境监测站）
陈红锋 （研究员 博士 中国科学院华南植物园）
罗建新 （教授 湖南农业大学）
雷晓东 （硕士 中南林业科技大学森林旅游研究中心）
肖剑波 （副教授 中南林业科技大学森林旅游研究中心）
景元甲 （高级工程师 湖南省国土局）
徐聪荣 （高工 博士 中南林业科技大学森林旅游研究中心）
魏国灵 （院长 广东省地质勘查局七0三地质大队）
何珊儒 （高级工程师 广东省地质勘查局七0三地质大队）
黄秀丰 （高级工程师 广东省地质勘查局七0三地质大队）
张卓洲 （助理工程师 广东龙门南昆山省级自然保护区管理处）
曾锦东 （技术员 广东龙门南昆山省级自然保护区管理处）
钟文超 （技术员 广东龙门南昆山省级自然保护区管理处）

张主扬　　（技术员　　广东龙门南昆山省级自然保护区管理处）
李冠明　　（技术员　　广东龙门南昆山省级自然保护区管理处）
钟奇锋　　（技术员　　广东龙门南昆山省级自然保护区管理处）
曾　曙　　（技术员　　广东龙门南昆山省级自然保护区管理处）
杨伟文　　（技术员　　广东龙门南昆山省级自然保护区管理处）

参加人员：金　燕　　（博士　　中南林业科技大学森林旅游研究中心）
罗志国　　（硕士　　中南林业科技大学森林旅游研究中心）
江　宁　　（硕士　　中南林业科技大学森林旅游研究中心）
陈建明　　（硕士　　中南林业科技大学森林旅游研究中心）
许　媛　　（硕士　　中南林业科技大学森林旅游研究中心）
闫　静　　（硕士　　中南林业科技大学森林旅游研究中心）
吕贵彦　　（硕士　　中南林业科技大学森林旅游研究中心）
翟学杰　　（硕士　　中南林业科技大学森林旅游研究中心）
张少冰　　（副教授　　中南林业科技大学生命科学学院）
钟义海　　（博士生　　中南林业科技大学生命科学学院）
徐　翊　　（硕士生　　中南林业科技大学生命科学学院）
谷颖乐　　（博士生　　中南林业科技大学野生动植物保护研究所）
刘　松　　（博士生　　中南林业科技大学野生动植物保护研究所）
李竹云　　（博士生　　中南林业科技大学野生动植物保护研究所）
何　振　　（博士生　　中南林业科技大学野生动植物保护研究所）
田　园　　（博士生　　中南林业科技大学野生动植物保护研究所）
何　兵　　（博士生　　中南林业科技大学野生动植物保护研究所）
张小磊　　（博士生　　中南林业科技大学野生动植物保护研究所）
罗晓丹　　（博士生　　中南林业科技大学野生动植物保护研究所）
范承保　　（工程师　　湖南省永州市环境监测站）
王儒竑　　（工程师　　湖南省永州市环境监测站）
肖坤立　　（工程师　　湖南省永州市环境监测站）
邓玉林　　（工程师　　湖南省永州市环境监测站）
黄兴强　　（工程师　　湖南省永州市环境监测站）
李昕林　　（工程师　　湖南省永州市环境监测站）
皇甫晓东　（工程师　　湖南省永州市环境监测站）
周劲松　　（博士生　　中国科学院华南植物园）

制　　图：刘其峰　　（助理工程师　　中南生态旅游规划设计有限责任公司）
闪旭涛　　（助理工程师　　中南生态旅游规划设计有限责任公司）
李自强　　（助理工程师　　中南生态旅游规划设计有限责任公司）
张烇维　　（助理工程师　　中南生态旅游规划设计有限责任公司）
刘保山　　（助理工程师　　中南生态旅游规划设计有限责任公司）

前言

1984 年 4 月广东龙门南昆山省级自然保护区经广东省人民政府批准建立以来，保护区保护范围、基础条件和外围环境变化较大。为加快保护区建设步伐，南昆山省级自然保护区管理处委托中南林业科技大学森林旅游研究中心和中南生态旅游规划设计有限责任公司负责编制其总体规划。

中南林业科技大学森林旅游研究中心和中南生态旅游规划设计有限责任公司接受委托后，专门成立了“南昆山省级自然保护区总体规划编制组”（以下简称“规划组”），并于 2006 年 2 ~ 11 月期间组织了总体设计、旅游、环保、气象、土壤地质、动植物、微生物、昆虫、大型真菌、水电、园林等相关专业人员深入现场进行了认真的调查，对保护区功能区划、保护、科研、宣教、生态旅游、多种经营、社区共管及相关的附属工程等项目做了详细的调查，对环境、大气、水质、放射性、空气负离子、植物精气、森林小气候、大型真菌、细菌等进行了监测和测定，对区内和周边的旅游资源和客源市场，对动植物、地质土壤进行了认真的调查和考察。在规划工作中，自始至终注重和贯彻了“保护第一，开发第二、开发促保护”的指导思想，严格按照《自然保护区总体规划技术规程》（GB/T20399-2006）完成了“南昆山省级自然保护区总体规划”，并于 2009 年 1 月 18 日在南昆山通过了专家评审。2011 年，受广东龙门南昆山省级自然保护区管理处的委托，规划组根据广东省发展和改革委员会、广东省财政厅、广东省环境保护厅、广东省国土资源厅、广东省机构编制委员会办公室等部门提出的意见和要求进行修改和完善。2012 年 9 月，又根据广东省环境保护厅组织广东省省级自然保护区评审委员会在南昆山召开的南昆山省级自然保护区范围调整论证会提出的意见，进行了全面的修改。

在规划过程中得到广东省林业厅、惠州市林业局、龙门县人民政府、龙门县林业局、龙门县农业局、龙门县气象局、龙门县统计局、龙门县交通局、龙门县环保局、龙门县住建局、龙门县国土资源局、龙门县旅游局、南昆山生态旅游区管理委员会、南昆山省级自然保护区管理处等单位的大力支持与帮助，在此一并致谢！

南昆山省级自然保护区总体规划编制组
2012 年 11 月

南昆山省级自然保护区管理处新貌

寻溪流河源头，穿越最美乡村，感受美丽的自然风光。

目　　录 [CONTENTS]

第一章 总论

一、项目背景……13
二、规划的必要性……13
三、规划的依据……14
四、规划的指导思想和原则……15
五、规划期限……15

第二章 基本情况及现状评价

一、地理位置与范围……16
二、自然地理概况……16
三、科教文卫……19
四、社会经济概况……19
五、生物资源和保护对象概况……21
六、保护区历史沿革……22
七、现状评价……26

第三章 总体布局

一、保护区性质、类型和保护对象……31
二、规划的目标……31
三、功能区划……32
四、总体布局……33

第四章 可持续发展规划

一、基础设施建设……35
二、保护规划……38
三、科研规划……41
四、科普教育规划……44
五、社区共管规划……44
六、生态旅游规划……46
七、多种经营规划……51

第五章 重点建设工程

一、基础设施建设工程……53
二、生物多样性保护工程……54
三、科研设施和监测工程……54
四、宣传教育和培训工程……54
五、防火工程……54
六、生态旅游工程……55
七、多种经营工程……55
八、野生动植物繁育工程……55

第六章 组织机构及人员编制

一、组织机构……56

二、人员编制……56
三、内设机构及其职能……56
四、管理体制……57
五、经费渠道……57
第七章 组织实施计划
一、管理计划……58
二、实施计划……58
三、实施措施……59
四、社区共管……60
五、鼓励和监督……60
第八章 投资估算和事业费预算
一、工程基建投资估算……61
二、工程经费投资比例……61
三、编制内人员工资预算……62
四、聘用人员工资预算……62
五、管理运行经费预算……62
六、经费增加幅度……62
七、投资估算和事业费预算说明……62
第九章 综合分析评价
一、效益分析……63
二、综合评价……64
三、在中国自然保护区网络中的地位和作用……65
四、国际合作与交流……67
附录
一、附表
附表1 广东龙门南昆山省级自然保护区基础设施现状统计表
附表2 广东龙门南昆山省级自然保护区管理处人员现状统计表
附表3 广东龙门南昆山省级自然保护区土地资源及利用现状表
附表4 广东龙门南昆山省级自然保护区项目建设用地规划表
附表5 广东龙门南昆山省级自然保护区野生动植物资源统计表
附表6 广东龙门南昆山省级自然保护区功能区划表
附表7 广东龙门南昆山省级自然保护区主要建设项目规划表
附表8 广东龙门南昆山省级自然保护区主要建设项目规划表
附表9 广东龙门南昆山省级自然保护区购置主要设备一览表
附表10 广东龙门南昆山省级自然保护区建设投资估算与安排明细表
二、名录
表1 广东省龙门南昆山省级自然保护区国家重点保护野生植物名录
表2 广东省龙门南昆山省级自然保护区国家重点保护野生动物名录

三、附图

附图 1　南昆山省级自然保护区总体规划区位图（2011-2020）
附图 2　南昆山省级自然保护区地形图
附图 3　南昆山省级自然保护区规划总图
附图 4　南昆山省级自然保护区功能分区图
附图 5　南昆山省级自然保护区植被分布图
附图 6　南昆山省级自然保护区保护植物分布图
附图 7　南昆山省级自然保护区野生动物分布图
附图 8　南昆山省级自然保护区工程建设规划图
附图 9　南昆山省级自然保护区生态旅游规划图
附图 10　南昆山省级自然保护区水文地质图

四、批复文件和证件

龙门县人民政府《关于建立南昆山自然保护区的报告》（龙府 [1983]79 号）

广东省人民政府《关于建立惠东古田等六个自然保护区地批复》（粤办函 [1984]398 号）

关于上坪片部分山林划归自然保护区管理协议书

龙林证字（1990）第 0000019 号山权林权证

广东省机构编制委员办公室《关于核定广东龙门南昆山省级自然保护区编制的批复》（粤机编 [1996]1 号）

龙门县人民政府《关于由县林业部门接管南昆山省级自然保护区管理站的请示的批复》龙府函 [2000]7 号

广东省机构编制委员会办公室《关于龙门南昆山自然保护区机构编制的函》（粤机编办 [2002]172 号）

龙林证字（2004）第 000952 号林权证

中共惠州市委组织部、惠州市人事局、惠州市机构编制委员会办公室《关于我市省级自然保护区管理体制有关问题的批复》（惠市组干复 [2006]9 号）

五、评审意见和专家签名

关于 1984 年落实南昆山保护区范围及面积的情况证明

关于拟将中坪村山林划给保护区管理但未落实的情况证明

关怀备至，如沐春风

1984 年，中共中央政治局委员、广东省省委第一书记谢非（左二）到南昆山视察及检查工作。

2007 年 11 月 11 日，国家林业局副局长印红（右六）及广东省林业局局长徐萍华（左六）在惠州市林业局局长詹小东（右三）的陪同下对保护区进行视察及调研。

2008 年 10 月 2 日，广东省副省长李容根（左三）在广东省林业局局长张育文（右二）、惠州市副市长杨灿培（左一）等领导的陪同下到保护区视察及调研。

2008 年 1 月 3 日，广东省人大副主任陈坚（右六）在广东省林业局局长张育文（右四）的陪同下到保护区视察及调研。

2003 年 7 月 4 日，全国人大野生动物联合执法检查组在全国人大常委、农业与农村委员会主任刘明祖（左六）带领下，到保护区视察及检查工作。

2006 年 10 月 7 日，广东省省委常委、省委秘书长肖志恒（左三）在南昆山生态旅游区管委会书记杨慧红（右二）及保护区主任张应扬（左二）的陪同下视察南昆山，并攀登上了南昆山最高峰——天堂顶。

2008 年 5 月 3 日，广东省原委常委、省纪委书记、省政协副主席王宗春（右五）到保护区视察。

2007 年 2 月 1 日，国家林业局野生动植物保护司副司长刘永范（右二）广东省林业局副局长陈俊勤（左三）、惠州市林业局局长陈就和（右三）广东省自然保护区管理办公室主任屈家树（左一）、龙门县县委常委李泽鸿（右一）参加了保护区办公楼落成典礼仪式。

2007年6月28日，惠州市市委书记黄业斌（前排左一）视察南昆山生态旅游区。

2006年10月21日，惠州市市委书记柳锦州（左三）视察保护区。

2006年11月1日，广东省旅游局局长郑通扬（左五）参观考察南昆山生态旅游区与南昆山省级自然保护区。

2006年8月31日，广东省林业局局长邓惠珍（右六）与广东省政协委员到保护区调研。

2007年1月10日，广东省林业厅原厅长李展（右二）视察保护区。

2007年5月5日，惠州市副市长李选民（左四）参观考察南昆山生态旅游区。

2007年4月5日，惠州市人大副主任易敬典（左三）到保护区检查指导工作。

2007年9月15日，龙门县县委书记邓炳球（右四）到保护区考察及调研。

2007 年 12 月 21 日，龙门县人民政府县长许志晖（右二）到保护区检查指导工作。

2007 年 8 月 5 日，惠州市博罗县人民政府县长王胜（右一）到保护区考察。

2007 年 5 月 30 日，惠州市林业局局长詹小东（右四）到保护区检查指导工作。

2006 年 8 月 5 日，香港渔农自然护理署组织国际蜻蜓考察团赴南昆山省级自然保护区和南昆山国家级森林公园考察，团员包括英国、德国、日本、俄罗斯、荷兰、捷克、斯洛文尼亚等 7 个国家以及香港地区的成员共 40 人，对保护区进行为期 4 天的调查。

2007 年 6 月 22 日，惠州市人大农工委主任陈就和（右一）到保护区检查指导工作。

2007 年 12 月 27 日，龙门县政协主席杨绍冲（中）到保护区检查指导工作。

2007 年 4 月 20 日，龙门县人民政府副县长李萧（右二）到保护区检查指导工作。

2008 年 9 月 21 日，广西植物研究所副研究员韦毅刚（右二）、英国皇家爱丁堡植物园 Michael Moeller 博士（右四）与南昆山保护区管理处合作开展了《旧世界苦苣苔科分子系统树的重建——中国南部苦苣苔植物在其中的地位和相互关系研究》项目的研究。

2008 年 4 月 12 日，国际植物园保护联盟（BGCI）中国项目办公室主任文香英高工考察国家一级重点保护植物伯乐树种群回归与复壮南昆山示范基地。

科研合作单位，华南农业大学林学院领导到保护区考察。

2008 年 7 月 13 ～ 16 日，华南农业大学生命科学院生物化学、生物科学、生物技术 3 个专业的研究生、本科生 303 人到保护区进行了为期 4 天的实习，并充分肯定了南昆山保护区具有丰富的动植物资源。

2008 年 8 月 25 ～ 29 日，广东森林生态旅游培训班在南昆山保护区召开，全省 53 个国家级、省级自然保护区的中层以上干部参加了培训班。

2006 年 7 月 6 日，华南农业大学博士生导师李秉滔教授等专家、学者到保护区开展科研工作。

中国科学院植物研究所陈国科博士等 2 人到南昆山考察重点保护植物。

广州康大职业技术学院师生到保护区实习。

2008 年 5 月 6 日，广东省自然保护区工作会议在南昆山召开，全省国家级、省级自然保护区领导及各市林业局的主管领导参加了会议。

车八岭国家级自然保护区到南昆山保护区交流经验。

珠海淇澳—担杆岛省级自然保护区到南昆山保护区交流经验。

惠东莲花山白盆珠省级自然保护区到南昆山保护区交流经验。

大埔丰溪省级自然保护区到南昆山保护区交流经验。

2008 年 11 月 22 ～ 23 日，广东南昆山摩托旅游节暨第四届摩托坊年会在南昆山保护区举行，来自全国各地约 800 名摩托车爱好者在这里举行了摩托车趣味性比赛、摩托车特技表演以及爱心助学拍卖会。

2014 年 2 月 19 日，惠州市绿化委员会副主任张应扬（中间）在保护区主任崔晓东（左一）的陪同下视察保护区，并攀登了南昆山最高峰——天堂顶。

山清水秀，流连忘返

晨曦

竹意

紫花杜鹃群落

林中雾

高山景观

云海

高山竹灌

云景

翠色欲流，惹人喜爱

伯乐树

毛锥

阿丁枫

金毛狗

黑桫椤

乐昌虾脊兰

山茶　　映山红　　红花荷

光叶海桐　　长叶竹柏

羊角杜鹃

德泽万物，花鸟虫鱼

龟甲

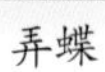

弄蝶

蛱蝶

虎甲

叶蝉

穿山甲

蜻蜓

龟蝽

松鼠

龟

蛇

蛙

第一章 总 论

一、项目背景

广东龙门南昆山省级自然保护区位于广东省中南部，龙门县西南，地处龙门县与从化市、增城市交界处。北至桂皮山，南至正在顶及佛坳北方保护区边界，东至苏茅坪北方海拔587m的山顶，西至上脑盐顶，总面积1 887hm^2。保护区地处北回归线北缘，林木茂密，有多种国家重点保护的动植物，保存有较为完整的南亚热带常绿阔叶林，分布集中、原生性强、具有代表性，在世界同纬度地区是少见的，被许多外国专家和学者誉为“北回归带上的绿洲”，在生物进化史上具有特殊的地位和作用。保护区内动植物种类繁多，被誉为“广东省物种宝库”，是理想的科研、教学基地，对于保护和利用我国特有珍稀物种具有重要意义。

南昆山省级自然保护区自1 984年成立以来，在自然资源保护等方面做了大量的工作，为广东省保护区建设、保护生物多样性做出了重要的贡献。然而，由于资金投入不足，保护区建设未能完全步入规范化、现代化、集约化发展轨道，在区划布局、保护设施、科研设备、人才培养、机构设置等方面有待进一步提高和改进，保护区工作需进一步加强与完善。同时，随着社会的发展，生态环境建设步伐加快，为了更好地落实《国家林业局关于加强自然保护区建设管理工作的意见》（林护发[2005]55号）文件精神和广东省“既要开发区，又要保护区”科学发展观要求，加速南昆山省级自然保护区的建设步伐，提高保护区管理水平和建设更有效的管理和保护系统，2006年1月18日南昆山省级自然保护区管理处委托中南林业科技大学森林旅游研究中心和中南生态旅游规划设计有限责任公司进行保护区的总体规划编制工作。

二、规划的必要性

1. 保护生物多样性的需要

南昆山省级自然保护区内野生动植物资源丰富，种类繁多，共有维管束植物1522种（包括变种、栽培种类），隶属于194科703属，其中野生植物188科656属1 423种，占广东省野生维管束植物5933种的23.98%；保存有国家重点保护野生植物15种；另有国际禁止贸易的野生兰科植物33种。有269种陆生脊椎动物，现已记录32种国家重点保护动物，另有191种陆生脊椎动物属于“国家保护的有益的或者有重要经济、科学研究价值的陆生脊椎动物”。鱼类5目11科计27种。昆虫17目128科575种。大型真菌28科79属223种。保护区还保存着较为完整的南亚热带常绿阔叶林，是世界同纬度地区森林植被的典型代表，在生物进化史上具有特殊的地位和作用，加强这一区域生物多样性保护极为重要。

2. 生态环境建设的需要

自然保护区建设工程是广东省生态环境建设的一个重要组成部分，而保护区独特的地质地貌构成的小气候、水热条件、土壤性质有利于物种繁衍，加之第四纪以来未受冰川影响，保护区内植物区系、森林类型、种群构成、群落结构和生境条件等，保持较为原始的状态，有着显著的原始性。另一方面随着社会经济的发展，周边地区人为活动频繁，对区内动植物的保护造成了很大的压力；而裸露的岩石、石壁、山顶的低矮灌丛加剧了当地生态环境的脆弱性；同时，保护区内森林繁茂，植被丰富，其形成的小气候环境，确保了周边地区的农业生产，对调节区域生态环境质量也有着极为重要的作用。加强自然保护区规划建设工作是我国生态环境建设的一项重要内容和长期任务。

3. 水资源保护的需要

南昆山是珠江流域增江河侧支流的源头，是珠江三角洲的重要水源。森林资源保护的好坏，直接影响到珠江流域水源情况、珠江三角洲的防洪能力以及广州地区的电力资源。加强南昆山省级自然保护区规划建设工作，确保了沿途居民用水，它对于周边居民的生活用水和生产都具有重要的作用。

4. 满足科研、科普教育的需要

南昆山省级自然保护区植被的特点和有利的自然条件，对广泛开展自然科学研究，进行植物分类，研究自然渗透规律，以及物种驯化，研究合理利用自然资源具有重要科学意义。同时，又是教学实习的天然场所和科研科普教育的重要基地。

5. 保护周边社区居民赖以生存的生态环境

随着社会经济快速发展，环境污染、物种退化等使生态环境遭到极大的破坏。南昆山省级自然保护区的建设，有利于其自然资源和生物资源保护，森林生态系统和珍稀动植物的保护；同时，进行自然保护区保护工作，生态旅游等多种经营项目的开展，为周边社区居民提供了大量的旅游就业机会，有利于提高当地人的生活水平，最终达到人与自然和谐共处。

三、规划的依据

保护区的规划依据以下法律和法规：

《中华人民共和国森林法》，(1998 年修订，全国人民代表大会)。

《中华人民共和国野生动物保护法》，（1988 年，全国人民代表大会）。

《中华人民共和国环境保护法》，（1989 年，全国人民代表大会）。

《中华人民共和国水污染防治法》，（1996 年修订，全国人民代表大会）。

《森林和野生动物类型保护区管理办法》，（1985 年，原国家林业部）。

《中华人民共和国自然保护区条例》，（1994 年，中华人民共和国国务院）。

《森林防火条例》，（1988 年，中华人民共和国国务院）。

《中华人民共和国森林病虫害防治条例》，（1989 年，中华人民共和国国务院）。

《自然保护区工程项目建设标准（试行）》，（2002 年，国家林业局）。

《中华人民共和国野生植物保护条例》，（1997 年，中华人民共和国国务院）。

《中华人民共和国野生动物保护实施条例》，（1992 年，中华人民共和国国务院）。

《中华人民共和国森林法实施条例》，（2000 年，中华人民共和国国务院）。

《自然保护区类型与级别划分原则》(GB/T 14529-93)，（1994 年，中华人民共和国国家环境保护局和国家技术监督局）。

《自然保护区总体规划技术规程》（GB/T20399-2006），（2006 年，国家质量监督检验检疫总局）。

《广东省森林保护管理条例》，（1994 年，广东省人大常委会）。

《广东省野生动物保护管理条例》，（2001 年，广东省人民代表大会常务委员会）。
《关于加快自然保护区建设的决议》，（1999 年，广东省人民代表大会常务委员会）。
《广东省森林和野生动物类型自然保护区管理实施细则》，（1986 年，广东省人民政府）。
《广东省生态公益林建设管理和效益补偿办法》，（2002 年修订，广东省人民政府）。
《广东省林业局关于编制和审批省级自然保护区总体规划有关事项的通知》，（粤林 [2005]60 号
其他相关法律、法规、条例、标准和规划）。

四、规划的指导思想和原则

1. 指导思想

以保护生物资源、自然资源和生态环境为宗旨，贯彻实施“全面规划、积极保护、科学管理、永续利用”的自然保护工作方针，充分利用生态经济理论、系统工程方法和森林经理手段，建立完善的科研和监测体系，切实保护自然资源和生物多样性，适度开发和利用自然资源，促进保护区与社区的和谐发展，从而达到社会、经济、环境协调发展，实现自然保护区可持续发展。

2. 规划原则

（1）科学统筹原则

自然保护区规划要从实际出发，高标准起步，突出科学性、超前性和可操作性，统筹规划、分步实施，以满足保护区的保护和管理需要，充分考虑与国际接轨。

（2）保护优先原则

根据南昆山省级自然保护区的地理位置、地质地貌和生物资源的多样性、稀有性、古老性等特点，生物的多样性、珍稀动植物生态环境、森林植被以及水资源必须得到优先保护，从而实现自然资源的永续利用，最大限度地发挥保护区的社会、生态和经济利益。

（3）生态平衡原则

在人与自然的整个生物圈中，充满了物质循环与能量流动的运动过程，而人类活动不断干扰这些循环与流动过程，需根据南昆山省级自然保护区生态系统特征，制定出适宜的尺度，使其保持相对稳定的平衡状态。

（4）因地制宜原则

自然保护区是一个人与自然同生共荣的有机体，在进行规划时协调自然生态系统的完整性和连续性，合理规划核心区、缓冲区、实验区，最大限度地使各种保护对象得到有效保护，做好保护、科研、经营工作，在“保护第一”的前提下开展科学研究、生态旅游和多种经营，合理开发利用，使南昆山省级自然保护区得到可持续发展。

（5）社区协调原则

南昆山省级自然保护区的林地属保护区所有，但部分的毛竹林已承包给当地村民经营，现由保护区代为管理和保护，保护区的发展离不开当地社区村民的支持和参与，因此自然保护区的规划要与当地及周边地区社会经济发展规划及行业发展规划相结合，帮助当地社区村民脱贫致富，实现保护区与当地社区共赢发展。

五、规划期限

本规划期限为 2011 ～ 2020 年，规划期分为两个阶段。
近期：2011 ～ 2015 年。
远期：2016 ～ 2020 年。

第二章 基本情况及现状评价

一、地理位置与范围

1. 地理位置

广东龙门南昆山省级自然保护区位于广东省中南部、龙门县西南，地处龙门县与从化市、增城市交界处。东距惠州 129km、香港 300km，南距广州 97km，西距从化温泉 42km、从化县城 60km，地理坐标为北纬 23° 37′ 04″ ～23° 40′ 55″，东经113° 48′ 29″ ～113° 51′ 28″，北至桂皮山，南至佛坳北方保护边界，东至苏茅坪北方海拔 587m 的山顶，西至上脑盐顶，总面积 1 887hm^2。

2. 边界范围

由南向西：佛坳北方保护边界－平天王－上盐脑顶；

由西向北：上盐脑顶－横坑大顶－天堂顶－桂皮山；

由北向东：桂皮山－锅盖顶－苏茅坪北方海拔 587m 的山顶；

由东向南：苏茅坪北方海拔 587m 的山顶－上坪尾－石灰写字顶－佛坳北方保护边界。

二、自然地理概况

1. 地质地貌

南昆山省级自然保护区属九连山山脉伸入龙门县的支脉，位于龙门断陷盆地的西北边缘，大地构造属华南准地台中的桂湘粤褶皱带粤中褶皱束的一部分，广州—从化断裂与东江断裂分别从两侧外围穿插而过。在晚古生代之前以陆地为主，仅局部洼地为浅海。自晚古生代华力西运动开始至中生代早期，在漫长的地质历程中，处在浅海，滨海及海陆过渡的边缘。中生代侏罗纪末期至白垩纪，在燕山运动的影响下，发生了大规模的岩浆侵入活动，其中主要以花岗岩为主。中生代中期，该区再度隆起为陆地。新生代以来，在喜马拉雅运动和新构造运动的影响下，地面持续抬升，与花岗岩呈侵入关系的上覆沉积岩地层由于强烈地风化与剥蚀，大面积的花岗岩体逐渐裸露地表，从而构成了该区的主要物质基础。构造以断裂为主，其构造线方向主要为北东向和北西向，东西向构造也较发育。断裂构造是控制本区地貌形态、河流流向等的主要因素。在保护区西部 900m 以上的高山上，尚保留有少量沉积岩层，主要以石英砂岩为主。

地质构造处于华南褶皱的粤中拗陷构造单元内，在九连山脉南部与青云山接合，主要有高山、峡谷和河谷平地 3 种地貌类型。山地主要受第三纪以来喜马拉雅运动及新构造运动的抬升作用而形成，最高峰天堂顶海拔 1 210m，主要为海拔 480m 至 1 000m（少数高达 1 200m）的山地及深切峡谷，仅在保护区边缘地带分布有海拔 400m 以下的丘陵，因此该区为中低山地貌。由于山地发育过程受地质构造控制，主要构造形迹为东西走向，岭谷排列与构造线方向基本一致，形成险峻的沟谷景观，山地、沟谷坡度多在 30º 以上。

地形比降大亦是本区地貌特点，最高的天堂顶海拔 1 210m，而距天堂顶仅 6km 的中坪一带则速降为海拔 450m，降幅达 760m，地形比降达 12.6%。受新构造运动的影响，由于地壳的间歇性上升，遂形成了该区至今普通可见的多级剥离面，主要有 1 000 ～ 1 200m，600 ～ 700m，450 ～ 500m 三级。

2. 气候

（1）保护区气候特征

南昆山地处北回归线北缘，属南亚热带季风气候类型。由于受季风影响，呈现夏凉冬暖、光能充裕、雨量丰沛等特征。

生理辐射：保护区所在南昆山山脉的年平均太阳辐射总量为 4 379MJ/m²• 年，太阳辐射中生理辐射率为 45.6%，保护区年生理辐射为 1 996.8MJ/m²• 年，一年中生理辐射最高期是 7 ～ 8 月。

区域气候状况：南昆山省级自然保护区所在区域龙门县年均气温 20.8℃，最高是 1987 年为 21.6℃，最低是 1976 年为 20.2℃，极端最高气温为 39.3℃，出现在 1980 年 7 月 10 日，极端最低气温为 -4.4℃，出现在 1963 年 1 月 16 日。年平均降水量为 2 230.7mm，年总最大降水量为 1975 年 3 157.8mm，年总最少降水量为 1963 年 1 156.2mm，月均降水量以 5 月 484.4mm 为最大，以 12 月 29.0mm 为最小。历年 24h 最大降水量为 288.4mm，出现在 1969 年 5 月 12 日 20 时 0 分至 13 日 20 时 0 分。历年最长一次连续降水出现在 1975 年 4 月 30 日至 5 月 30 日共 31d，降水量为 1 182.7mm。年平均蒸发量为 1 581.0mm，月最大蒸发量为 1963 年 5 月份 239.1mm，最小蒸发量为 1985 年 2 月份 30.9mm。入侵龙门县境寒露风最早初日是 1966 年 9 月 7 日，最迟初日是 1974 年 10 月 18 日。一次持续时间最长 17d，出现在 1979 年 10 月 4 日至 10 月 20 日，出现于 9 月中下旬的寒露风天气占 16%，出现于 10 月上旬的占 30%。年平均日照总时数为 1 743.7h，月平均以 9 月份为最多，为 189.1h，3 月份为最少，为 75.9h，年平均日照率为 39%。静风占历年各风向频率的 47%，其次是东北偏北风，平均占各风向频率的 9%，再次是北风，平均占各风向频率的 8%；历年平均风速为 1.2m/s，小的年份为 0.9m/s，大的年份为 1.4m/s，历年最大风速为 18m/s，相当于 8 级大风。台风对龙门县很少造成损失，主要表现为强降水过程。根据南昆山生态旅游区上坪水文观测站 2003 ～ 2005 年 3 年资料显示，旅游区平均年降水量 2 299.2mm，平均年降水日数 150d。3 ～ 9 月的月平均降水量均在 100mm 以上，尤其是 4 ～ 8 月的月平均降水均超过 200mm。春季和夏季南昆山生态旅游区的降水量占全年的 87%，降水日数占全年的 72%，降水主要集中在春、夏两季，而且降水强度大；秋季和冬季降水量只占全年的 13%，降水日数却占 28%，说明秋冬两季降水量少，降水强度小。

（2）森林小气候

2006 年 7 月 14 日至 7 月 21 日，采取短期定位对比观测法，每小时观测一次，昼夜连续观测。以龙门县气象站、惠州东坪气象站的同步观测值为对照。保护区内气候垂直变化明显，海拔每升高 100m，气温降低 0.71 ～ 0.79℃，空气相对湿度增大 1% ～ 3%。海拔 700m 处的老伯公测点夜间地形逆温强度为 0.2℃ /m。保护区内气温比龙门县晴天低 2.8 ～ 4.5℃，雨天低 1.3 ～ 2.4℃，比惠州市晴天低 4.1 ～ 5.8℃；保护区内比龙门县风速小 0.3 ～ 0.7m/s，静风频率多 6% ～ 15%。保护区林内与林外相比，日平均气温低 0.1 ～ 0.7℃，气温日较差小 0.6 ～ 3.7℃；空气相对湿度高 1% ～ 33%，风速小 0.6 ～ 0.7m/s，静风频率多 17% ～ 46%。保护区内日舒适有效温度持续时间较长，一日有 11 ～ 15h 使人感觉舒适；龙门县一天仅 1h 令人感觉舒适，21h 闷热，2h 感觉极热，难以忍受；惠州市无感觉舒适时间，21h 感觉闷热，3h 感觉极热，难以忍受。南方夏季闷热，南昆山省级自然保护区夏季凉爽舒适，其实验区是度假休闲、避暑消夏的理想之地。

（3）区域灾害性天气

主要有低温阴雨、寒露风、暴雨、干旱和霜冻等。

低温阴雨：2 ～ 3 月份，气温逐渐回升，由于冷暖气团在龙门县上空形成锋面降雨，常出现低温阴雨天气，使秧苗大量死亡（烂秧），春种大豆、花生出现烂种。低温阴雨平均每年为 10d 左右，低温阴雨持续时间最长是 1970 年为 27d。低温阴雨结束保证率 80% 出现日期为 3 月 7 ～ 25 日。

寒露风：9 月底到 10 月份，北方冷空气势力开始强盛南侵，同时副热带高压迅速减弱南撤，冷暖气团交锋交替时间一般很短，多数只有几小时阴雨天气。随着干燥的偏北风吹来，气温下降，出现寒露风天气，威胁晚稻抽穗扬花，影响灌浆结实。由于地势、地形的不同，各地区寒露风出现的时空分布也有明显的差异，北部地区一般比南部永汉等平原地区提早 11d。寒露风出现的年际变化也较大。多年来，出现寒露风的最早初日是 1966 年 9 月 24 日，最迟初日是 1974 年 10 月 17 日，平均初日 10 月 10 日。历年寒露风平均影响日数 6d，最大过程是 17d(1979 年 10 月 4 ～ 20 日），日最轻是 1983 年为 10d，其次是 1977 年为 3d。

暴雨：暴雨季节在 4 月上旬至 10 月上旬，其中最早出现日期为 1971 年和 1973 年 4 月 2 日，雨量分别为 101.5mm 和 84.9mm，最迟结束日期是 1969 年 11 月 18 日 109.5mm。暴雨量占年降水量的比率达 20% ～ 30%。持续出现 3d 的暴雨较为常见，可占暴雨总量的 40%。1 日暴雨量以 1968 年 6 月 13 日发生在永汉的 415.0mm 为最大。

干旱：冬春最长旱期 180d(1963 年 11 月 14 日至次年 5 月 12 日）。春旱年际间变化很大，轻的年份不足 30d，重的年份超过 2 至 3 个月，最长春旱期为 101d(1963 年 2 月 1 日至 5 月 12 日）。最长秋旱期为 108d(1966 年 7 月 16 日至 10 月 31 日）。

霜冻：10 月下旬以后到次年 1 月，龙门县受单一冷气团所控制，在冷平流和辐射冷却的共同作用下，夜间气温明显下降，而白天由于阳光的照射，增温又很明显，因而这个季节昼夜温差大，到 11 月中旬以后，夜间地面气温可降至 0℃以下，开始出现低温霜冻灾害。历年霜冻日 9 ～ 24d，霜冻严重的年度有 1962 ～ 1963 年为 37d，其次 25d 以上有 3 年，霜冻最少年份有 1972 ～ 1973 年和 1974 ～ 1975 年为 1d。霜冻期平均为 63d，最长 1971 ～ 1972 年为 110d。其次是 1976 ～ 1977 年为 100d。因地势地形作用，北部山区最低气温比南部平原地区偏低 4℃左右，霜冻期出现时间来得早，结束迟，受害重。

3. 土壤

南昆山省级自然保护区的土壤类型单元较少，成土母岩、母质为花岗岩。该地区的地带性土壤为赤红壤，但山地土壤则随海拔高度的变化而呈现垂直分布规律，主要土壤类型有山地黄红壤和山地黄壤。

保护区由于海拔高度的影响，虽然土壤类型的垂直带谱不完整，但比较明显，保护区的海拔高度差异较大，最高海拔天堂顶 1 210m，最低海拔 480m 以上。保护区山地土壤垂直分布规律为：海拔 480 ～ 600m 区域为山地黄红壤，海拔 600 ～ 1 000m 为山地黄壤，海拔 1 000m 以上为山地灌丛草甸土。

保护区的土壤由花岗岩风化物发育而成。本区的花岗岩石为中生代侏罗纪末期燕山运动形成的花岗岩，主要矿物及大致含量为：石英 25% ～ 35%、钾长石 20% ～ 45%、斜长石 25% ～ 45%、黑云母 1% ～ 10%，富矿石有磷灰石和磁铁矿等，块状结构。这些矿物在南亚热带季风气候因子的综合长期影响下，形成较深厚的风化物。因此，本区的成土母质比较简单，绝大部分都是各种花岗岩的风化物。由于花岗岩中石英含量较高，颗粒粗大，抗风化能力强，它们大都以沙粒保存在风化物中，而长石及云母大部分发生强烈的化学风化变成粘粒，从而使形成的花岗岩风化物质地疏松、较轻，通透性好，由于淋溶作用强烈，土壤呈强酸性反应，土层深厚，含钾丰富，具有较好的养分供应能力和土壤生产力，为自然植被的生长提供了良好的条件，并为发展林、果、茶和其他特征经济作物提供了良好的生产基地。但在这种岩、土条件下，极易发生水土流失和土体崩塌，因此，封山育林、搞好水土保持工作是该区建立良好生态环境的头等大事。

4. 水文

保护区地处新构造运动上升区。山地险峻，沟谷深切。由于地形比降大，且地势呈西北高，东南低的特点，故保护区内水系发育，千沟百壑以羽状、树枝状汇聚于以北西向为主的主沟内，水流湍急，深切基底，常形成狭窄的、经常被破坏的侵蚀阶地。由于地壳的振荡性上升，以及受断层、岩性等方面的影响，地貌常呈高差不等的阶梯状。常形成飞流直下三千尺的瀑布景观。由于气候的季节性变化，雨量分配不均，河流枯涨明显。雨季大雨倾盆时，河水狂泻而下，山呼河啸，酷似蛟龙翻身。而旱季则常是细流潺潺，山坑鱼上下戏耍，别有一番风趣。由于地形比降大，河流落差大，为该区水资源的利用提供了有利的条件。

保护区内河流主要有横坑河（长 4.5km）、甘坑河（长 5.0km）、蓝耷河（长 3.9km）、鸡心石河（长

4.0km）、竹坑河（长 3.1km）、苏茅坪河（长 5.5km）等溪流。其中，鸡心石河、甘坑河、横坑河、蓝崙河，均由北西方流向南东，汇入南昆河。

保护区内地下水以孔隙水和裂隙水为主，由于该保护区地处亚热带潮热气候区，雨量丰富，森林密布。区内岩土体保水性及持水性均较好，根据据区内产出的岩土体的性质、地下水的赋存条件，地下水类型分为松散岩类孔隙水、强风化岩孔隙裂隙水、层状岩类裂隙水、块状岩类裂隙水，井泉和蒸发、蒸腾是主要排泄途径。枯水季节，孔隙水和裂隙水将是生活和工农业用水的后备基地。

南昆山溪流甚多，水量充足，是龙门县水力资源的“富集区”。各溪水汇入南昆河进入增江，流入东江，是珠江水源的一部分。溪流地表径流量大，水质清澈，是当地居民生产生活的主要水源。季节性降水是溪流的主要水源，由于降水分配不均，溪流年内水位差异较大，最高水位一般出现在 4 ～ 7 月，7 月以后降水较少，河流流量小，水位降低，进入枯水季节。

三、科教文卫

1. 科研机构与教学场所

南昆山生态旅游区现有南昆山中学（含初中部和小学部）、上坪小学和炉下小学 3 所学校。全区文化程度在中学及高中的有 1 801 人、大专以上的有 89 人、小学以下的有 1 520 人。2010 年全区教职工人数 34 人，在校学生 252 人，小学入学率 100%，中学入学率 100%。2003 年以来，南昆山投入 30 万元完善多媒体电教室、物理、化学实验室、图书馆，使得南昆山的教学环境得到改善。

2. 文化艺术

南昆山省级自然保护区紧邻的南昆山生态旅游区现有云天海原始森林度假村民族歌舞风情园，演出以瑶族风情为主，主要表演曲目有舞火狗等。

3. 医疗卫生

南昆山省级自然保护区紧邻的南昆山生态旅游区现有综合医院一所，一级乙等，在职医务人员 20 人，其中医生 7 人，护士 5 人，B 超 2 人，中草药师 2 人，化验员 2 人，收费员 2 人，退休 6 人，设有住院部和 2 个门诊部，有病床 8 张，有心电图、B 超及化验室设备一批、救护车一辆。保护区内暂无医疗设施。

四、社会经济概况

1. 行政区域

南昆山省级自然保护区位于广东省惠州市龙门县南昆山生态旅游区的西北部，1984 年广东省人民政府批准建立南昆山省级自然保护区，批准面积为 4 000hm^2；实际管护面积为 1 887hm^2，地理位置为北纬 23°37′04″ ～ 23°40′55″，东经 113°48′29″ ～ 113°51′28″。

2. 人口与民族组成

根据调查，南昆山生态旅游区共有 1 277 户 3 410 人，其中男性 1 748 人、女性 1 662 人。居民以汉族为主，部分为瑶族。南昆山省级自然保护区现有在编、在职干部职工 18 人（含派出所干警 6 人），退休人员 1 名；18 人为汉族，1 人为瑶族；保护区内无其他居民居住。

3. 交通通信等

南昆山生态旅游区：主要通过省道 S355 和县道 X222 与外界相通。省道 S355 线贯穿南昆山，沿 S355 东南方向约 18km 可通往永汉，接省道 S119 可通往广州；沿 S355 西南方向经过增城接国道 G105 或通过京珠高速从化分岔路口上京珠高速。县道 X222 起点为左潭，终点为南昆山，途经钓鱼岛酒店、炉下、铁岗、七仙湖等，与省道 S353 相接。旅游区距广州市 97km，至增城 53km，至从化温泉 43km，距惠州市区 124km，距深圳 210km，至龙门县城 60km。通讯较为发达，已实现各镇、村全部接通电话网，程控电话可直拨国内外，移动电话网络信号良好，有线电视已接到南昆山下坪村。

南昆山省级自然保护区：保护区管理处旧址位于 S355 省道旁，管理处新址设在上坪尾，有水泥公路与 S355 省道相连；距南昆山生态旅游区管委会所在地 2.3km。保护区内目前除观音潭至保护区新址已建水泥路外，无其他硬底化公路，主要道路为 4m 宽砂石路面林道（均为建立保护区前开的采伐林区公路）33.6km，另有宽 1.2m 左右的巡山道 26.2km，林道主要分布在实验区，巡山道主要分布在实验区和缓冲区，核心区道路较少。南昆山省级自然保护区旧址设程控电话 3 部，手机 17 部，汽车 3 辆（含报废的 2 辆），摩托车 2 部，数码录像机 1 部，数码相机 2 台，卫星定位仪 1 台，电脑 4 台并接入因特网，定位仪 1 台，彩电 1 台等设备；保护区内，移动通信信号覆盖度较高，移动电话能正常使用。

4. 林地资源权属

南昆山省级自然保护区土地总面积 1 887hm²，主要分布在埂坪、新厂、老厂、苏茅坪、上坪尾、甘坑、横坑、石灰写字等地，全部属南昆山省级自然保护区。保护区四周边界已经清楚，无土地使用权纠纷。

5. 土地利用现状

南昆山省级自然保护区土地总面积 1 887hm²，其中林业用地 1 882.9hm²，占保护区总面积的 99.78%，非林地 4.10hm²，占保护区总面积的 0.20%；林业用地中，乔木林 1 724.7hm²、毛竹林 70.5hm²、灌木林 69.3hm²、疏林地 18.4hm²。保护区森林覆盖率为 98.80%，见表 2-1。

表 2-1 土地利用现状统计表

单位：hm²

总面积	林业用地						非林地	森林覆盖率（%）
	林业用地面积	有林地			疏林地	灌木林地		
		小计	乔木林	竹林				
1 887	1 882.9	1 795.2	1 724.7	70.5	18.4	69.3	4.1	98.80

6. 社区发展

龙门县：2010 年全县完成地区生产总值 65.30 亿元，同比增长 15%。其中第一产业增加值 12.1 亿元，增长 4.8%；第二产业增加值 24.5 亿元，增长 19%；第三产业增加值 28.6 亿元，同比增长 18%。三次产业构成比例由 2009 年的 19.4 ∶36.6 ∶44 调整到 2010 年的 18.5 ∶37.6 ∶43.9，产业结构不断优化，二、三产业所占比重上升。农民人均年纯收入 6 827 元，同比增长 17.6%。

南昆山生态旅游区：2010 年全区国民生产总值达到 0.984 亿元；完成固定资产投资 3.5 亿元，比上年 0.3 亿元增长了 11 倍；一般预算财政收入达到 0.23 亿元，比上年 0.22 亿元增长 4.5%；税收完成 750 万元，比上年增长 19%；社区居民人均纯收入 6 994 元，比上年 6 307 元增长 10.9%；旅游接待人数 81.2 万人次，比上年 77.3 万人次增长了 5.04%，旅游产值达到 2.4 亿元，比上年 2.24 亿元增长 11.6%。详见表 2-2。

表 2-2 2006 ～ 2010 年南昆山生态旅游区社会经济统计表

年份 \ 项目	国民生产总值（万元）	工农业总产值（万元）	财政收入（万元）	人均纯收入（元）
2006	5 768	1 874	680	3 492
2007	6 489	1 850	710	3 521
2008	7 233	1 821	2 091	5 353
2009	8 253	1 850	2 149	6 307
2010	9 840	1 933	2 300	6 994

南昆山省级自然保护区：保护区现有工作人员40人，其中属于省事业编制的在编干部职工12人，属惠州市行政编制的森林派出所干警6人，聘用的临时工（含巡护人员、后勤管理人员）22人；另有退休人员1人。在编在职的工作人员中有10人具有本科学历，6人具有专科学历，2人具有高中或中专学历；有5人具有助理工程师职称，1人具有林业技术员职称；保护区管理处有10人以及林业派出所有6人具备林业行政执法资格。保护区内无卫生室、学校等，也无休闲娱乐设施。保护区主要是从事自然保护和自然科学研究工作，保护区工作人员收入主要是依靠财政拨款，无其他经济收入来源。涉及承包保护区竹林的当地社区1个共693人，其中男性387人，女性306人。大专文化程度以上的有20人，占3.00%；中学及高中文化的有392人，占56.60%；小学文化以下的有281人，占40.40%。有小学1所，学校职工教师2人，入学率100%。共有劳动力290个，主要从事个体旅游接待、农林业生产、外出打工或从事其他工作，森林生态公益林补偿也是他们收入的一部分，2010周边社区居民人均平均收入为6 994元。保护区综合开发后，除现有生态公益林补偿资金归当地居民所有外，还能为当地社区居民提供更多的直接和间接就业机会，促进当地社区更大的发展。

五、生物资源和保护对象概况

1. 植物资源

南昆山省级自然保护区森林植被属南亚热带常绿阔叶林。根据多次野外调查采集，再参照中国科学院华南植物园历年来在该区收集到的标本和文献资料，广东省南昆山省级自然保护区共有维管束植物1 522种（包括变种、栽培种类），隶属于194科703属，其中蕨类植物35科63属134种，裸子植物7科15属21种，被子植物152科625属1 367种，其中野生植物188科656属1 423种，占广东省野生维管束植物5 933种的23.98%。

根据国务院1999年8月4日批准的《国家重点保护野生植物名录（第一批）》，保护区保存有国家重点保护野生植物15种，其中Ⅰ级1种，即伯乐树；Ⅱ级14种，即金毛狗、刺桫椤、大黑桫椤、黑桫椤、福建柏、樟树、闽楠、土沉香、格木、花榈木、华南锥、红椿、绣球茜草和苦梓。另有多花脆兰、金线兰、竹叶兰、广东石豆兰、长距虾脊兰、乐昌虾脊兰、车前虾脊兰、流苏贝母兰、建兰、墨兰、半柱花兰、美冠兰、多叶斑叶兰、高斑叶兰、距花玉凤花、鹅毛玉凤兰、橙黄玉凤兰、石虾公、镰翅羊耳蒜、扇唇羊耳蒜、见血青、折脉羊耳蒜、香港兜兰、白蝶兰、触须阔蕊兰、黄花鹤顶兰、鹤顶兰、小花鹤顶兰、石仙桃、小舌唇兰、绶草、带唇兰、香港带唇兰等国际禁止贸易的野生兰科植物33种。有我国特有科1个：伯乐树科，为单型科。中国种子植物特有属分布到南昆山地区共有6属，归6科，占我国特有总数的3.3%，占我国特有属分布到广东的特有属的8.8%，从种一级分类单位来看，南昆山特有植物数量不多，到目前为止，仅见有从化柃、南昆折柄茶、南昆山杜鹃、长梗木莲等。

2. 动物资源

南昆山省级自然保护区现已记录269种陆生脊椎动物，隶属4纲29目76科。其中两栖纲26种，爬行纲54种，鸟纲139种，哺乳纲50种。其中东洋界种类有208种，古北界种类23种，广布种38种。另记录水生脊椎动物鱼类27种，隶属5目11科。

南昆山省级自然保护区在动物地理区划上属东洋界华南区闽广沿海亚区，地处东洋界华中区与华南区交界的过渡地带，故两个区系的物种都向此区间渗透，从而形成了以华中区和华南区共有种为主的区系特征。这都与保护区所属的动物地理区划和地理位置相一致。在保护区内269种陆生脊椎动物中，东洋界种类达208种，古北界种有类23种，东洋界与古北界广布种有38种，明显地以东洋界种类占优势。如大泛树蛙、花臭蛙、华南湍蛙、蓝尾石龙子、翠青蛇、草腹链蛇、赤链华游蛇、灰鼠蛇、乌梢蛇、银环蛇、舟山眼镜蛇、竹叶青、穿山甲、果子狸、小灵猫、林麝、灰胸竹鸡、白头鹎、棕背伯劳、黑卷尾、八哥、红嘴蓝鹊、画眉、红嘴相思鸟和暗绿绣眼鸟等为典型的东洋界种类。其中许多种类为东洋界华中区种类；而黑眶蟾蜍、乌龟、北草蜥、赤链蛇、王锦蛇、虎斑颈槽蛇、苍鹰、红隼、珠颈斑鸠、四声杜鹃、短耳鸮、普通夜鹰、普通翠鸟、金腰燕、松鸦、大嘴乌鸦、豪猪、褐家鼠、黄鼬、水獭和野猪等为东洋界和古北界两界广布种；而虎斑颈槽蛇、赤链蛇、北草蜥、黑尾蜡嘴雀和猪獾等原属古北界的种类也渗入东洋界而在保护区内广泛分布。整个动物区系组成表现出以东洋界种类，特别是以华中区和华南区共有种类为主、南北混杂的特点。

南昆山省级自然保护区现已记录 32 种国家重点保护动物，占该保护区 269 种陆生脊椎动物的 11.90%。其中国家Ⅰ级保护动物 3 种：蟒蛇、云豹、林麝；国家Ⅱ级保护动物 29 种：海南虎斑鳽、虎纹蛙、三线闭壳龟、黑冠鹃隼、蛇雕、赤腹鹰、松雀鹰、雀鹰、普通鵟、红隼、游隼、白鹇、褐翅鸦鹃、小鸦鹃、草鸮、领角鸮、雕鸮、斑头鸺鹠、短耳鸮、猕猴、穿山甲、鬣羚、青鼬、大灵猫、小灵猫、水獭、金猫、水鹿等。其中以虎纹蛙、白鹇、草鸮、褐翅鸦鹃、小鸦鹃、斑头鸺鹠、黑冠鹃隼、松雀鹰、青鼬和小灵猫资源相对丰富一些，而长耳鸮、雕鸮、云豹、穿山甲、水獭、林麝、鬣羚等为稀见种。云豹和林麝属于我国六大重点建设工程中的“野生动植物保护和自然保护区建设工程”确定的 15 类重点保护物种中的物种。

另有 191 种陆生脊椎动物属于“国家保护的有益的或者有重要经济、科学研究价值的陆生脊椎动物”，占保护区陆生脊椎动物总数的 71.27%。其中两栖类 25 种，爬行类 52 种，鸟类 94 种和兽类 20 种。

保护区所有野生动物资源中，有 29 种陆生脊椎动物被列入《濒危野生动植物种国际贸易公约》，其中列入附录Ⅰ的 4 种，即游隼、金猫、水獭、鬣羚；列入附录Ⅱ的 25 种，即两栖纲的虎纹蛙，爬行纲的平胸龟、蟒蛇、舟山眼镜蛇、眼镜王蛇、滑鼠蛇，鸟纲的黑冠鹃隼、蛇雕、松雀鹰、赤腹鹰、雀鹰、普通鵟、红隼、草鸮、斑头鸺鹠、领角鸮、短耳鸮、雕鸮、红嘴相思鸟、画眉，哺乳纲的是猕猴、穿山甲、豺、豹猫、林麝。

保护区有 19 种陆生脊椎动物属中国特有种。其中两栖类 6 种，分别是香港瘰螈、华南湍蛙、花臭蛙、镇海林蛙、阔褶蛙、沼蛙；爬行类 8 种，分别是北草蜥、石龙子、蓝尾石龙子、锈链腹链蛇、山溪后棱蛇、平鳞钝头蛇、环纹华游蛇、赤链华游蛇；鸟类 3 种，分别是白额山鹧鸪、白头鹎、海南虎斑鳽；兽类 2 种，分别是林麝、小麂。

3. 昆虫资源

通过外业调查，在南昆山省级自然保护区共采集到昆虫标本 4 856 号，初步鉴定，计有 17 目 128 科 575 种。从各目、科及种类的分布来看，以鳞翅目种类最多，计有 25 科 188 种，占总种数的 32.7%；其次是鞘翅目，计有 27 科 102 种，占总种数的 17.8%；再次有膜翅目，计有 14 科 72 种，占总种数的 12.5%（见表 2-3）。

表 2-3 南昆山省级自然保护区昆虫资源统计表

类群	科数	占总科数（%）	种数	占总种数（%）
鳞翅目	25	19.6	188	32.7
鞘翅目	27	21.1	102	17.8
膜翅目	14	10.9	72	12.5
直翅目	10	7.8	56	9.7
同翅目	14	10.9	41	7.2
半翅目	10	7.8	29	5.1
其他	28	21.9	87	15.1
总计	128	100	575	100

4. 大型真菌资源

南昆山省级自然保护区有大型真菌 28 科 79 属 223 种。

六、保护区历史沿革

1. 历史沿革

1958 年成立国营南昆山林场。1983 年 12 月，龙门县人民政府向广东省人民政府提出《关于建立南昆山自然保护区的报告》（龙府［1983]79号），从南昆山林场划出5万～7万亩建立保护区；1984年4月经广东省人民政府批准建立南昆山省级自然保护区（粤办函［1984]398号），批准面积为4 000hm²；1996年广东省把南昆山省级自然保护区纳入了省财政预算；2000年1月，龙门县人民政府对龙门县林业局的请示作出了《关于由林业部门接管南昆山省级自然保护区管理站的请示的批复》（龙府函［2000]7号），保护区归口龙门县林业局管理；2002年8月经广东省机构编制委员会批准（粤机编办［2002]172号），广东龙门南昆山省级自然保护区管理处为副处级事业单位，隶属广东省林业局，由省、市、县共管，以龙门县为主，核定事业编制12名，人员经费由广东省财政核拨；2006年3月，经惠州市市委组织部、惠州市人事局、惠州市机构编制委员会办公室批准（惠市组干复［2006]9号），保护区管理处人事关系划归惠州市林业局统一管理，党组织关系属地管理。南昆山省级自然保护区成立后，实行了全面禁伐林木等政策，当地居民如何开始新的生活模式，解决生活出路，是面临的一大问题。1989年8月，根据县委县政府的决定，南昆山镇人民政府将毛竹林、杉木林承包给当地村民管理经营并颁发了《承包山林证书》，承包期限为30年；1990年龙门县人民政府向南昆山保护区颁发了28 305亩*的《龙门县山权林权证》，2004年换发了《中华人民共和国林权证》。

2. 大事记

1980～1981年，林业部、广东省林业厅、华南农学院、龙门县林业局对保护区植物资源进行初步考察统计，发现保护区内有高等植物2 000多种。

1981年11月～1982年5月，沈鹏飞、赵善欢、吴中伦、卢永根、庞雄飞、蒲蛰龙、王中立等专家、院士到南昆山考察。

1983年11月，广东省省政协副主席罗富和到南昆山考察，给予了极高评价。

1983年10月，杨尚昆、杨钟、谢非、林若、梁灵光、等中央领导、广东省省委书记、省长到南昆山视察。

1983年10月，中山大学、北京大学、北京林业大学、江西大学、华南农业大学、四川大学、华南师大、香港中文大学等25所大学的教授、专家到南昆山考察。

1984年3月，联合国生物基金协会香港分会考察团一行9人，世界野生动物基金会露施博士等8位外国专家对南昆山进行了为期5天的考察，评价南昆山是鸟类王国。

1984年，联合国农粮组（5个国家）专家到南昆山考察。

1984年，林业部副部长、广东省林业厅副厅长到南昆山检查工作。

1984年4月经广东省人民政府批准建立南昆山省级自然保护区（粤办函［1984]398号），管理机构为广东龙门南昆山省级自然保护区管理站，第一任站长为曾瑞灵（1984～1989年），第二任站长为钟国方（1989～2005年）。

1984年9月，杨尚昆、杨钟、谢非、林若、梁灵光、等中央领导、广东省省委书记、省长到南昆山视察。

1985年，保护站管理大楼落成。（原管理处旧办公大楼）

1985年，林业部陈虹司长、林若英主任、广州林业局黄应源副局长到南昆山考察。

1985年6月，林业部李世光同志、曲晨总工程师、骆副总工程师到南昆山考察。

1985年7月，林业部中南林业调查规划大队完成《南昆山林场森林资源二类调查报告》。

1985年11月，美国、英国、法国、德国、加拿大、日本、新加坡、尼泊尔、澳大利亚、印度等10个国家科学家到南昆山考察。

1986年6月，中国科学院、云南、上海、南京、广东科学院等8个科学院、研究所专家到南昆山。

1986年9月，华南农业大学整理出《南昆山植物名录》油印本。

1986年10月，广州市人民政府副市长杨毅在龙门县林业局局长陈策陪同下到南昆山调研。

1988年，广东著名花卉专家黄智明先生对南昆山野生花卉种质资源进行了专项考察。

1990年，龙门县人民政府向南昆山省级自然保护区颁发了《龙门县山权林权证》（龙林证字第NO 0000019），总面积28 305亩。

1991年2月，中南林学院钟晓青博士对南昆山毛竹林结构Weibull分布模型进行了研究。

1994年12月，华南农业大学童晓立博士利用水生昆虫对南昆山溪流的水质进行了评价研究。

* 1亩≈667m²，全书同

1996 年 2 月，广州教育学院林媚珍和华南师范大学卓正大等同志对南昆山植物区系的基本特征进行了研究。

1999 年上半年，广东省人大常委环资委主任陈之泉在广东省林业局保护办陈万成主任的陪同下视察南昆山省级自然保护区，对南昆山省级自然保护区各方面给予高度评价和表彰。

1999 年 10 月，惠州市市委书记谭章球、李惠仙等市的省人大代表一行九人视察了南昆山省级自然保护区，给予了高度赞扬。

1999 年 10 月，中山大学常弘教授和广东省林业厅野生动植物保护站林术等同志对南昆山夏季鸟类群落结构及生物量进行了研究。

2000 年初，自然保护区国际联盟会议在南昆山召开，外国专家对南昆山省级自然保护区给予了充分的肯定。

2000 年 1 月，广东龙门南昆山省级自然保护区归口为林业主管部门管理，主管单位为龙门县林业局。

2000 年 5 月，广东省人大常委、法制委主任肖如川视察南昆山。

2000 年 7 月，广东省政协副主席李金培在原林业厅老厅长梁星权陪同下视察南昆山省级自然保护区。

2001 年初，广东省林业局局长邓惠珍及副局长等相继视察南昆山省级自然保护区，给予了高度赞扬，并在全省自然保护区综合评比中，把南昆山省级自然保护区定为省的重点样板式自然保护区来建设。

2001 年 7 月，Gwang H. Lee 等对南昆山盆地的地质演化进行了研究。

2002 年 8 月，成立南昆山省级自然保护区管理处，为副处级事业单位（粤机编办 [2002]172 号），第一任主任张应扬（2005 年至今）。

2003 年，全国人大农业与农村委员会和全国人大环境与资源保护委员会《野生动物法》联合执法检查组到南昆山省级自然保护区检查工作，检查组人员有：全国人大常委会委员、全国人大农委主任委员刘明祖；全国人大农委副主任委员万宝瑞；全国人大常委会委员、全国人大农委委员刘振伟；全国人大农委委员杨新人；全国人大农委调研室副主任赵明正；全国人大农委调研室处长周晓东；全国人大农委办公室干部陈亚奎；刘明祖同志秘书殷会峰；万宝瑞同志秘书陈辉；国家林业局保护司副司长王伟；国家林业局保护司处长王维胜；农业部渔业局副局长张合成；陪同人员有：广东省人大常委会副主任李近维；广东省人大常委会委员、农委主任委员关富胤；广东省人大农委处长林健文；李近维同志秘书唐建强；广东省林业局局长邓惠珍；广东省林业局保护办主任陈万成；广东省林业局办公室副主任彭尚德；广东省海洋与渔业局副局长李建设；广东省海洋与渔业局副处长黄剑良；惠州市人大副主任、惠州市林业局局长、龙门县县委书记、龙门县林业局局长等。

2003 年 10 月 26 日，广东省人民政府副省长谢强华到南昆山保护区视察新办公区建设情况。

2004 年 1 月，南京大学刘昌实等教授对南昆山 A 型花岗岩定年和环带云母进行了研究。

2004 年 12 月 8 日，龙门县人民政府向南昆山省级自然保护区管理处颁发了《中华人民共和国林权证》（龙林证字（2004）第 NO 000952），总面积 28 305 亩。

2006 年 3 月，惠州市委组织部、人事局、机构编制委员会办公室《关于我市省级自然保护区管理体制有关问题的批复》（惠市组干复 [2006]9 号），明确规定南昆山省级自然保护区人事关系划归惠州市林业局统一管理。

2006 年 8 月 5 日，香港渔农自然护理署组团赴南昆山省级自然保护区和南昆山国家级森林公园考察，成员包括英国、德国、日本、俄罗斯、荷兰、捷克、斯洛文尼亚等 7 个国家以及香港地区的成员共 40 人蜻蜓专家对南昆山进行了为期 4 天的考察。

2006 年 8 月 22 日，原广东省林业局厅长梁星权在南昆山省级自然保护区管理处张应扬主任的陪同下参观了南昆山省级自然保护区管理处新办公区。

2006 年 8 月 31 日，广东省林业局局长邓惠珍、部分省政协委员到南昆山省级自然保护区调研，在惠州市林业局局长陈就和、龙门县政协主席杨绍冲、龙门县副县长叶淑芳、龙门县林业局局长钟木华、南昆山生态旅游区管理委员会书记杨慧红以及南昆山省级自然保护区管理处主任张应扬等同志的陪同下对保护区进行了调研。

2006年10月7日，原惠州市市委书记，中共广东省委常委、省委秘书长肖志恒同志到南昆山视察，在南昆山生态旅游区管理委员会书记杨慧红以及南昆山省级自然保护区管理处主任张应扬等同志的陪同下游览了南昆山七仙湖、石河奇观，并攀登上了南昆山最高峰天堂顶，对南昆山给予了极高的评价。

2006年10月21日，惠州市市委书记、市人大主任柳锦州同志到南昆山，在南昆山生态旅游区管理委员会书记杨慧红以及南昆山省级自然保护区管理处主任张应扬等同志的陪同下参观了南昆山石河奇观、九重远眺、云天海度假村、高山别墅、桃源山庄等景点，对南昆山的旅游工作开展给予了肯定。

2006年11月1日，广东省旅游局局长郑通扬，在惠州市旅游局局长崔爽、龙门县县长詹小东、龙门县县委副书记李顺添、龙门县副县长徐火强、龙门县旅游局局长邓观明、南昆山生态旅游区管理委员会书记杨慧红以及南昆山省级自然保护区管理处主任张应扬等同志的陪同下参观考察了南昆山森林公园和南昆山省级自然保护区，并对南昆山旅游发展给予了专业的指导。

2007年1月10日，原广东省林业厅厅长李展在南昆山省级自然保护区管理处主任张应扬的陪同下参观考察了保护区。

2007年2月1日，南昆山保护区管理处办公楼落成，国家林业局野生动植物保护司副司长刘永范、广东省林业局副局长陈俊勤、惠州市林业局局长陈就和、广东省自然保护区管理办公室主任屈家树、龙门县县委常委李泽鸿、龙门县人民政府副县长何彩萍以及惠州市国家级、省级自然保护区领导、各县区林业局领导、国营林场领导和南昆山生态旅游区管理委员会领导参加了典礼仪式。

2007年4月5日，以惠州市人大常委会副主任易敬典为组长的惠州市城建环资工委、农工委自然保护区建设调研工作小组在惠州市林业局、龙门县人大领导的陪同下对南昆山保护区建设开展情况进行调研，并对南昆山保护区的工作给予了充分肯定。

2007年4月20日，龙门县人民政府副县长李萧到保护区检查指导工作。

2007年5月5日，惠州市副市长李选民在市安监局局长罗佛昌的陪同下到南昆山视察及调研。

2007年5月30日，惠州市林业局局长詹小东到保护区检查指导工作，对南昆山保护区的工作给予了高度肯定。

2007年6月22日，惠州市人大农工委主任陈就和到保护区检查指导工作。

2007年6月28日，惠州市市委书记黄业斌到南昆山视察及调研。

2007年8月5日，惠州市博罗县人民政府县长王胜到保护区考察及调研。

2007年9月15日，龙门县县委书记邓炳球到保护区考察及调研。

2007年10月1日，南昆山天堂顶森林度假村开张试业。

2007年11月11日，国家林业局副局长印红及广东省林业局局长徐萍华在惠州市林业局局长詹小东的陪同下对保护区进行视察及调研。

2007年12月21日，龙门县人民政府县长许志晖到保护区检查指导工作。

2007年12月27日，龙门县政协主席杨绍冲到保护区检查指导工作。

2008年1月3日，广东省人大常委会副主任陈坚在广东省林业局局长张育文的陪同下到南昆山保护区视察及调研。

2008年4月12日，中国科学院华南植物园陈红锋博士、乔琦博士等4人与南昆山省级自然保护区管理处合作开展国家一级重点保护植物——伯乐树传粉生物学实验。该项目由国际植物园保护联盟（BGCI）资助。

2008年5月3日，原广东省省委常委、省纪委书记、省政协副主席王宗春到保护区视察。

2008年5月6日，广东省自然保护区工作会议在南昆山召开，全省国家级、省级自然保护区领导及各市林业局的主管领导参加了会议。

2008年7月13～16日，华南农业大学生命科学院生物化学、生物科学、生物技术3个专业的研究生、本科生303人到保护区进行了为期4天的实习，充分反映了南昆山省级自然保护区的动植物资源丰富。

2008年8月25～29日，广东森林生态旅游培训班在南昆山保护区召开，全省国家级、省级自然保护区都有中层以上干部参加了培训班。

2008 年 9 月 21 日，广西植物研究所副研究员韦毅刚、英国皇家爱丁堡植物园 Michael Moeller 博士与南昆山保护区管理处合作开展了《旧世界苦苣苔科分子系统树的重建——中国南部苦苣苔植物在其中的地位和相互关系研究》项目的研究。

2008 年 9 月 24 日，中国科学院华南植物园、国际植物园保护联盟 BGCI 在保护区举行“濒危植物伯乐树保护和再引种研究”研讨会。国际植物园保护联盟（BGCI）中国项目办公室主任文香英，中国科学院华南植物园邢福武研究员、曾庆文研究员，华南农业大学李秉滔教授、庄雪影教授。来自中国科学院华南植物园物种多样性及其保育研究组的研究生、华南农业大学林学院的研究生、广东龙门南昆山省级自然保护区管理处的领导和干部职工、当地社区的干部和村民约 60 人参加了该研讨会。

2008 年 10 月 2 日，广东省副省长李容根在广东省林业局局长张育文、惠州市副市长杨灿培、惠州市林业局局长詹小东的陪同下到保护区视察及调研。

2008 年 11 月 22 ～ 23 日，广东南昆山摩托旅游节暨第四届摩托坊年会在南昆山保护区举行，来自全国各地约 800 名摩托车爱好者在这里举行了摩托车趣味性比赛、摩托车特技表演以及爱心助学拍卖会。

七、现状评价

1. 生态状况

（1）植被资源评价

南昆山省级自然保护区处于亚热带常绿阔叶林区域—南亚热带季风常绿阔叶林地带—东江中游流域丘陵山地植被区，属于我国广大亚热带植物区系的一部分，但是由于受到南岭地形和南亚热带季风气候的影响，这里的植物区系同中亚热带所属的泛北极植物区系又有很大的差异，反映出南亚热带植物区系的特点。正是由于其特殊的地形和气候条件，保护区内生长着茂密的森林，是我国南亚热带森林中保存比较完整、面积较大的一块南亚热带常绿阔叶林，素有“北回归带上的绿洲”之称。其地质年代长久，植被经历了漫长的演化，具有物种丰富、起源古老、珍稀物种繁多和森林类型各异的特征。

植物种类丰富：根据多次野外调查采集的标本，再参照中国科学院华南植物园历年来在该区收集到的标本和文献资料，南昆山省级自然保护区共有维管束植物 194 科 703 属 1 522 种（包括变种、栽培种类），其中蕨类植物 35 科 63 属 134 种，裸子植物 7 科 15 属 21 种，被子植物 152 科 625 属 1367 种。据统计保护区共有野生维管束植物 1 423 种，隶属于 188 科、656 属。分别占广东植物总科、属、种数的 68.9%、41.8% 和 23.98%；占全国植物总科、属、种数的 50.5%、19.8% 和 4.9%。

植物区系起源古老：保护区植物区系的古老性，首先体现在含有大量古老的植物科属和残遗植物上。蕨类植物中现存的紫萁科、瘤足蕨科及里白科均为原始科；另外石松科、石杉科、卷柏科及木贼科的所有属及出现于侏罗纪时代的乌毛蕨属及黑桫椤属均为孑遗属。裸子植物最早出现于泥盆纪，现存的裸子植物多起源于白垩纪，在第三纪分化和发展，目前南昆山分布的裸子植物大多为古老的残遗植物，如竹柏、长叶竹柏、福建柏及穗花杉等。被子植物一般认为出现于晚白垩纪至第三纪，到第三纪已经很繁盛，到第三纪已经发育成世界上占优势的植物，其中在保护区有分布的较为原始的科有木兰科、金缕梅科、五味子科及伯乐树科，它们均为少型属或单型属。

植被群落类型多样：保护区的植被具有典型南亚热带的特性：其森林中植物的种类成分较为复杂，以亚热带成分占优势，热带成分次之；组成森林的优势种与中亚热带常绿阔叶林相似，特别是以壳斗科为最明显的上层乔木的优势种类，这与鼎湖山以樟科为上层乔木优势种的南亚热带常绿阔叶林比较有着显著差异。而森林中层的藤本植物较为普遍，亦有板根和茎花现象，但是不如鼎湖山季风常绿阔叶林中发达。南昆山所具有的特殊植被群落组成、树种结构及植被外貌等方面反映了该地区植被群落的多样性、复杂性和特殊性。

保护区内分布着大量由小红栲＋罗浮柿＋密花树组成的常绿阔叶林群落，由于山地陡峭，交通不便，人为干扰较少，该由群落组成的常绿阔叶林发育良好，群落分层较明显，较大的树种胸径达

20cm～30cm，林下枯枝落叶层厚约1cm。该群落在我国南部呈星散状零星分布，而在保护区具有成片的分布，体现了其保护价值和地理位置的特殊性。

保护区西部两块海拔为700m和1 000m的狭小区域分布的红花荷群落、横坑顶东坡分布的福建柏群落及保护区外围中坪尾分布的长叶竹柏群落是具有特色的珍稀群落，其中红花荷是良好的观赏植物，而福建柏和长叶竹柏均为国家保护的珍稀濒危植物，在群落中成为优势种的情况十分少见，也说明其区系的古老性和珍稀性。

具有典型的南亚热带植物区系特征：保护区地处我国亚热带南缘，属于我国广大亚热带植物区系的一部分，但是由于受到南岭地形和南亚热带季风气候的影响，这里的植物区系同中亚热带所属的泛北极植物区系又有很大的差异，反映出南亚热带植物区系的特点。

具有大量的珍稀濒危及保护植物：根据国务院1999年8月4日批准的《国家重点保护野生植物名录（第一批）》，保护区保存有国家重点保护野生植物15种，其中Ⅰ级1种，即伯乐树；Ⅱ级金毛狗、刺桫椤、土沉香、格木、花榈木等14种。另有国际禁止贸易的野生兰科植物鹤顶兰、小花鹤顶兰、石仙桃、小舌唇兰、绶草、带唇兰、香港带唇兰等33种。

特有植物种类不多：保护区有我国特有科1个：伯乐树科，为单型科。中国种子植物特有属分布到南昆山地区共有6属，归6科，占我国特有总数的3.3%，占我国特有属分布在广东省的特有属的8.8%，从种一级分类单位来看，南昆山特有植物数量不多，到目前为止，仅见有从化柃、南昆折柄茶、南昆山杜鹃等。

(2) 动物资源评价

野生动物分布特点明显，具有良好的野生动物栖息环境。保护区在动物地理区划上属东洋界华南区闽广沿海亚区，地处东洋界华中区与华南区交界的过渡地带，故两个区系的物种都向此区间渗透，从而形成了以华中区与华南区共有种为主的区系特征。这都与保护区所属的动物地理区划和地理位置相一致。在保护区内269种陆生脊椎动物中，东洋界种类达208种，古北界种有类23种，东洋界与古北界广布种有38种，明显地以东洋界种类占优势。整个动物区系组成表现出以东洋界种类，特别是以华中区与华南区共有种类为主、南北混杂的特点。南昆山气候属南亚热带季风气候，雨量充沛，气候温暖，植被属亚热带常绿阔叶林，有利于两栖动物的繁衍，是野生动物良好的栖息地。

(3) 生态质量评价

地形比降大，地貌丰富：南昆山系九连山山脉伸入龙门县的支脉，是龙门县地势最高的地区。最高的天堂顶1 210m，而距天堂顶仅6km的中坪一带则速降为450m，降幅达760m，地形比降达12.6%，形成了保护区内山峦起伏，群山重叠、山地陡峻，沟谷深切。其中主要为海拔450m以上至1 000m（少数高达1 200m）的山地及深切峡谷，仅在保护区边缘地带分布有海拔400m以下的丘陵，因此该区为中低山地貌。

面积划定科学，人类干扰少：南昆山省级自然保护区由大片南亚热带常绿阔叶林连接保护区内的核心区和缓冲区及实验区组成总面积1 887hm^2，基本能满足保护区内野生动物栖息和季节性大范围迁移的物种对生境的需求，由于保护区地形比降大，地貌丰富，为动植物的繁衍提供了得天独厚的优越条件。

保护区地处惠州市龙门县与从化市、增城市交界处，行政区域属惠州市龙门县永汉镇南昆山生态旅游区，从化市、增城市、惠州市3市均将旅游业作为社会经济中新的经济增长点，非常注重生态环境建设和保护，加大了生态环境建设力度，周边居民都支持保护区建设，同时保护区四周边界已经清楚，无土地使用权纠纷。总之，周边环境良好，对保护区建设具有促进作用，副作用少。

自然生态质量评价：根据南昆山省级自然保护区综合科学考察报告，参照自然生态系统类国家级自然保护区评价标准，对南昆山省级自然保护区的生态质量进行定量评价，生态质量等级标准见表2-4，南昆山省级自然保护区生态质量评价详见表2-5。

表 2-4　生态质量等级赋分值表

质量等级标准	总分值
Ⅰ级生态质量很好	86 ～ 100
Ⅱ级生态质量较好	70 ～ 85
Ⅲ级生态质量一般	51 ～ 70
Ⅳ级生态质量较差	36 ～ 50
Ⅴ级生态质量差	35 分以下

表 2-5　南昆山省级自然保护区生态质量评价表

评价指标	标准赋分值	实得分值
A 多样性	25	22
A1 物种的多样性	15	13
A1.1 物种多度	8	7
A1.2 物种相对丰度	7	6
A2 生境类型多样性	10	9
B 代表性	15	14
C 稀有性	20	17
C1 物种濒危程度	8	7
C2 物种地区分布	6	5
C3 生境稀有性	6	5
D 自然性	15	14
E 面积适宜性	15	13
F 生存威胁	10	9
F1 脆弱性	6	6
F1.1 物种生活力	2	2
F1.2 生物种群稳定性	2	2
F1.3 生态系统稳定性	2	2
F2 人类威胁	4	3
F2.1 直接威胁（区内资源开发利用状况）	2	1.5
F2.2 间接威胁 （周边地区开发状况）	2	1.5
评价总得分	89	

根据生态质量评价标准，南昆山省级自然保护区得分 89 分，属Ⅰ级，生态质量良好。

2. 管护现状

（1）管护状况

自 1984 年建立自然保护区以来，在省、市、县、区各级政府的高度重视和大力支持下，保护区的保护设施和基础设施初具规模，保护区的管理工作走上了正常的轨道。保护区内乱砍滥伐、乱捕乱猎、开矽采药等现象得到了有效的遏止，森林植被日益丰富，森林生态系统趋于稳定，为野生动植物生长提供一个适宜的栖息环境。同时，经过 20 多年的管理，积累了一定的经验，为提高保护区管理水平提供了一个良好的基础。另由于保护区经济基础薄弱，资金投入严重不足，致使各项设备设施不全，科技含量不高，加上缺乏高学历、高职称的科研人员，因而制约了保护区各项建设的发展。保护区的管理工作仍停留在原始的管理水平上，科学研究、多种经营水平偏低。

（2）经济状况

保护区人员主要是从事自然保护和自然科学研究工作，保护区工作人员收入主要是依靠财政拨款，无其他经济收入来源，保护区工作人员和周边社区居民收入水平均偏低。

（3）管理水平评价

参照国家环境保护总局环办 [2002]108 号文件精神对南昆山省级自然保护区管理水平进行评价。

评价主要是从自然保护区管理基础和管理进展两个方面共20项评价指标，其中“机构设置与人员配置”“管护设施”“管理目标与规划计划”“法制建设与执行情况”“日常管护”“科研监测”和“保护对象现状与前景”等7项作为特定指标。评估结果分“优秀”“合格”“基本合格”“不合格”4个等级，评价结果详见表2-6。

表2-6 南昆山省级自然保护区管理水平评价表

评价项目	评 估 项 目	标准赋分值	得分
A管理基础	A1机构设置与人员配置	8	8
	A2运行经费保护程度	4	3
	A3管护设施	8	3
	A4面积及功能区适宜性	3	3
	A5范围界线与土地权属	3	3
	A6管理目标与规划计划	8	8
	A7法制建设与执行情况	8	8
B管理进展	B1资源本底	4	1
	B2日常管护	8	5
	B3科研监测	8	5
	B4宣传教育	3	2
	B5国内外交流与合作	4	1
	B6资源持续利用情况	3	3
	B7生态旅游	3	3
	B8保护对象现状与前景	8	5
	B9环境质量	4	4
	B10人类活动情况	3	3
	B11与社区及周边关系	4	4
	B12自养能力	3	0
	B13职工培训	3	2
合计得分		74	
特定项目最低得分	项目：3		得分：3
评价结果		基本合格	

3.社区及其对自然保护区依赖程度

南昆山省级自然保护区土地总面积1 887hm²，其中山林所有权属保护区管理和经营，生态公益林补偿资金归当地居民所有。周边社区居民目前主要从事个体旅游接待、农林业生产、外出打工或从事其他工作，对保护区依赖程度不高。随着保护区多种经营开发，特别是生态旅游的发展，保护区还能为当地社区居民提供更多的直接和间接就业机会，促进当地社区更大的发展，保护区与周边社区将得到和谐发展。

4.存在的问题和矛盾

南昆山省级自然保护区经济基础薄弱，保护区运行经费主要依靠财政，无其他创收收入，保护经费严重不足，导致保护区基础设施、管护设施和科学研究设备等条件落后。

（1）保护经费严重不足，多种经营开发能力弱

南昆山省级自然保护区保护经费主要是依靠财政拨款，没有其他收入来源，给保护区的保护与开发带来了一定难度。正是如此，使保护区优良的生态资源得到了很好的保护，为保护区开发奠定了基础。同时，由于认识上和资金上的不足，以及配套条件跟不上等种种因素，保护区多种经营开发程度低，仅开发果园、毛竹园等，而且只是初级开发阶段。优良的生态旅游资源没得到有效利用，至今还处于原始开发。如果能充分利用保护区多种经营资源进行科学合理的开发，特别是进行生态旅游开发，将为保护区带来良好的经济效益，为保护区保护提供资金支持，增加保护区的自养能力；同时，也为周边社区居民提供了就业和创业机会，推动周边社区社会经济发展。

（2）保护基础设施不完善，增加了日常管护难度

南昆山省级自然保护区管理处（原管理站）2007 年前设在保护区外，距保护区 2km；利用原来设施设立了几处保护点，如原林业大队房、老伯公等处，哨卡一个，指示牌加宣传牌 100 个，建有一处瞭望台，设立防火林带 1km；保护区内目前除观音潭—保护区管理处新址已建水泥路外，无其他硬化公路，主要道路为 4m 宽砂石路面林道 33.6km，另有宽 1.2m 左右的巡山道 26.2km；保护区内除管理处新址已并入电网外，其余均未通电；保护区内水力资源丰富，现管护用水均直接使用溪水；保护区内除管理处外无有线电话，无线通信已基本覆盖。尽管保护区基础条件较差，但在当地政府和有关部门的大力支持下，保护区工作人员克服困难，对保护区进行日常管护，为保护区保护工作奠定了坚实的基础。

（3）科研手段落后，对外合作交流机会少

南昆山保护区自成立以来，科研人员利用现有条件积极进行科学研究，但由于经费短缺，无法购买科研设备，仅能从事一般性科研工作，如采集并制作标本、生物基础资源调查等；同时，因工作生活条件艰苦，工资待遇较低，难以吸引高科技人才，难以保护正常的科研培训和技术培训，阻碍了保护区科学研究水平的提高。虽然保护区生物多样性程度高，科研吸引力大，但由于科研设施落后，基础设施差，交通不畅，严重阻碍了保护区对外合作交流。

第三章 总体布局

一、保护区性质、类型和保护对象

1. 保护区性质

南昆山省级自然保护区动植物种类繁多，被誉为“广东省物种宝库”，属于以保护南亚热带常绿阔叶林和野生动植物资源为主，兼具开展自然保护、科学研究、科普教育、生态旅游和多种经营于一体的自然保护区。

2. 保护区类型

根据《自然保护区类型与级别划分原则》（GB/T14529-93），南昆山省级自然保护区属 “自然生态系统类别”中的“森林生态系统类型”自然保护区。

3. 保护对象

南昆山省级自然保护区的主要保护对象是：南亚热带常绿阔叶林森林生态系统及有特殊保护价值的国家级、省级重点保护野生动植物及特有种等和其栖息地。主要动植物保护物种有：活化石植物穗花杉、珍贵植物伯乐树、观光木、格木、福建柏，优良的用材、油料兼用树长叶竹柏、优美的观赏树红花荷。南昆山特有植物：从化柃、南昆折柄茶、南昆山杜鹃、长梗木莲。珍稀动物：苏门羚、山鹿、灵猫和各种鸟类。

二、规划的目标

1. 总体目标

根据国家有关自然保护区建设的法规、政策，结合南昆山省级自然保护区实际情况，正确处理保护与开发、保护区与社区的关系，确定保护区在规划期内（2011 ～ 2020 年）总体目标为：

建立科学、高效的自然保护管理和监测体系；

保护南亚热带常绿阔叶林生态系统，使区域性生态系统具有规模性、完整性、稳定性，并保持其生态演替过程的自然性；

保护好区内自然资源，保持植被类型和野生动植物的多样性，促进自然生态平衡；

通过森林生态系统的保护，使保护区最大程度地发挥其生态服务功能；

与社区形成利益共同体，在保护的前提下，促进社区经济发展；

实现保护、科研、教育、生产、旅游 5 结合和生态、社会、经济 3 大效益可持续发展的目标。

2. 近期目标（2011 ～ 2015 年）

完成整个保护区和核心区、缓冲区、实验区的埋桩立碑工作，建成保护区边界功能识别体系；

完成管理处新址（办公楼、科教楼、招待所、厨房及附属通信、供水供电等设施）建设；

完成保护点、哨卡、巡护路网建设、森林防火瞭望台等设施建设；

加强珍稀野生动植物救护，水文、气象测报，生态环境宣教工作，以及森林防火设施、给排水设施、生态环境设施等建设，为保护区的保护与开发，建设与管理打下基础；

初步完成生态旅游区建设，加强生态旅游和多种经营基地建设，积极开展有本区特色的多种经营，建设成为惠州市独具特色的生态旅游基地；

把保护区建设成为各种基础设施和技术设备完善、管理一流、生态系统良性循环的省级自然保护区；

加强职工队伍建设，引进和培训专业人才，努力造就培养一支政治思想好，业务素质高，技术力量强，爱岗敬业的保护管理和科研队伍。

3. 远期目标（2016 ～ 2020 年）

保护南亚热带常绿阔叶林生态系统的完整性和野生动植物栖息地的原生性；

建立编目和信息反馈系统，加强对本底资源动态、资料档案、信息收集的管理，实现保护和管理的现代化和科学化；

建成我国生物多样性的保护基地和南亚热带常绿阔叶林生态系统定位研究和生态学、地学、生物学的实习基地；

建成我国南方生物物种基因库；

建设成为全省、全国的森林生态旅游示范基地和教学基地；

全面实现保护区的总体目标后，使南昆山省级自然保护区在保护、管理、生态旅游和多种经营等方面达到国内同类的先进水平。

三、功能区划

1. 划分原则

根据岛屿生物地理学的“平衡”理论，区划工作必须坚持完整性、适度性以及社区共管的原则，使原有的物种多样性、生态系统类型多样性和遗传基因多样性得到充分保护和发展，促进保护区与周边社区共赢发展，必须遵循以下区划原则：

科学完整性原则：一切从保护出发，根据保护区保护对象和保护区内的生物资源、自然环境、功能、地形地物，进行合理区划；尽可能地保持生态系统完整性，保护对象有适宜的生长、栖息环境和条件；尽量隔离或减轻不良因素的干扰和影响，核心区外围有较好的缓冲条件以便进行科学保护管理。

地域连续性原则：功能区边界原则上以自然地形、山谷、山脊、等高线等自然界线为主，局部可结合行政、权属界线，使功能区边界具有延续性、连续性和封闭独立性。

保护适度性原则：功能区划既要考虑到保护对象生存繁衍的需要，又要考虑到保护区自身发展和社区发展的需要，有利于社区共管以及同周边地区经济建设、居民生产生活的提高。

管理便捷性原则：有利于保护管理，方便各项措施的落实，方便各项活动的组织与控制；有利于保护生物多样性、开展科学研究、生态旅游和多种经营等功能的发挥，促进区域经济发展。

2. 区划依据

《中华人民共和国自然保护区条例》第十八条“自然保护区可以分为核心区、缓冲区和实验区。自然保护区为保护完好的天然状态的生态系统以及珍稀、濒危动植物的集中分布地，应当划为核心区，……核心区外围划定一定面积的缓冲区，只准进入从事科学研究观察活动。缓冲区外围为实验区，可以进入从事科学试验、教学实习、参观考察、旅游以及驯化、繁殖珍稀、濒危野生动植物活动”的规定。

《森林和野生动物类型自然保护区管理办法》第十四条关于“自然保护区内居民，应当遵守自然保护区的有关规定，固定生产生活活动范围，在不破坏自然资源的前提下，从事种植、养殖业……以增加经济收入”的规定。

原林业部《自然保护区工程总体设计标准》第 2.1.1 条关于“保护区的内部功能分区，必须坚持以保护自然环境和自然资源，拯救濒危物种，积极开展科学研究，普及科学知识为主，适当开展生态旅游及发展利用活动的原则，通过论证进行合理划分。”的规定。

《关于建立惠东古田等六个自然保护区的批复》（广东省人民政府，粤办函[1984]398 号）中“南昆山省级自然保护区 4 000hm^2”及南昆山省级自然保护区与周边社区签订的林权、边界和管理协议。

南昆山省级自然保护区的动植物资源分布及周边社区的社会历史、文化经济发展状况等。

3. 区划结果

南昆山省级自然保护区总面积 1 887hm^2，其中核心区 798.77hm^2，占 42.33%；缓冲区 628.31hm^2，占 33.30%；实验区 459.92hm^2，占 24.37%（详见图 3-1）。

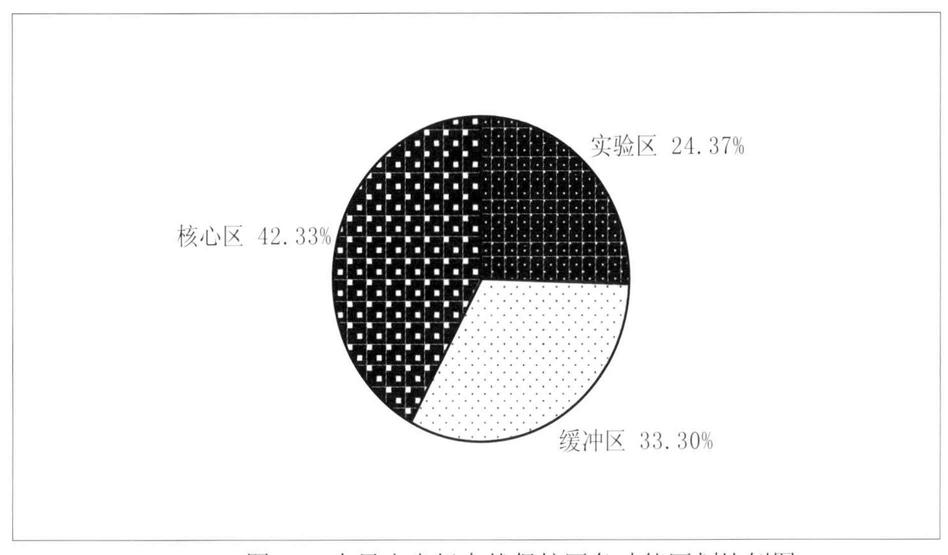

图 3-1 南昆山省级自然保护区各功能区划比例图

四、总体布局

保护区的总体布局包括自然保护区功能区布局、外围保护地带、多种经营、生态旅游、科研和管理设施、基础设施等。

1. 自然保护区区域

南昆山省级自然保护区功能区布局从宏观上将保护区划分为重点保护区域和一般保护区域，重点保护区域包括核心区和缓冲区两个功能区，不安排任何建设项目；一般保护区域只限定在实验区，不安排可能改变生物资源和生态环境的建设项目，保护区重点建设内容和生产经营活动均安排此区域。

核心区：分为两块，主要包括分布在鸡心石河及其上游支流区域，面积为 449.49hm^2；以及分布在横江其、蓝峯河流域的常绿阔叶林，面积 349.29hm^2，总面积 798.77hm^2，占 42.33%。这里植被为典型南亚热带天然常绿阔叶林，森林茂密，珍稀、濒危动植物多，保存最完整、人为破坏少、植物群落稳定、外围缓冲条件好。核心区是保护区的重点，主要任务是实行绝对保护，充分发挥其生物资源和涵养水源的作用，禁止任何人进入。特殊情况，经国家林业局或有关部门批准方可进入，只允许在局部地段，从事科学考察，或观测研究。

缓冲区：缓冲区处于核心区的外围，是核心区与实验区之间的缓冲地带，本区的功能是恢复南亚热带植被及野生动物栖息地，缓解人为活动对核心区的干扰与冲击，是核心区的外围保护圈，担负着保护核心区的任务。坚持每天有护林人员在缓冲区内巡逻，以防止森林火灾，防范偷猎，防范乱采滥伐，作好森林病虫害的预测预报，使缓冲区真正成为核心区的保护带。南昆山省级自然保护区的缓冲区面积 628.31hm^2，占总面积的 33.30%，该区域内经允许可从事非破坏性的科学研究，教学实习和标本采集活动，禁止开展旅游及生产经营活动。

实验区：实验区是除核心区和缓冲区以外的所有区域，为核心区和缓冲区提供保护作用，是科学研究和生产实验基地，也是开展科学研究、科普教育、生态旅游和多种经营，提高保护区的经济实力和改善工作、生活条件的区域，同时也是建立物种基因库、驯化和繁殖珍稀濒危动植物的场所。南昆山省级自然保护区实验区位于天堂顶、鹿角窝、菜园窝、上坪尾，实验区总面积 459.92hm^2，占 24.37%。

2. 外围保护地带

根据《自然保护区土地管理办法》第十七条“禁止在自然保护区及其外围保护地带建立污染、破坏或者危害自然保护区自然环境和自然资源的设施。已经建立的设施，其污染物排放超过规定排放标准的，应当依法限期治理或者搬迁”，第十八条“自然保护区外围保护地带，当地群众可以照常生产、生活，但是不得进行危害自然保护区功能的活动”和《国家环境保护总局关于涉及自然保护区的开发建设项目环境管理工作有关问题的通知》“在自然保护区外围地带进行的项目建设，不得损害自然保护区内的环境质量和生态功能”。南昆山省级自然保护区外围保护地带将以山体绿化为主，对现有林木进行抚育管理，外围保护地带内不得开山采石破坏山体，对已经破坏的山体也应采取措施进行恢复。

3. 经营区域

经营区域范围控制在实验区之内，以实验、持续合理利用自然资源为主要目的。在尊重自然规律，有利于保护、恢复与发展珍稀、濒危物种的前提下，可开展实验、教学实习、参观考察、驯养繁殖和生态旅游等活动。变资源消耗型经营为科学集约型经营，实行技术上指导，资金上帮助的办法，扶持社区发展多种经营和生态旅游，以增强自然保护区的经济实力，最终实现自然保护区和社区建设共同发展的目标。

多种经营：为了增加保护区的经济收入，提高保护区的自养能力，走自我发展之路，根据保护区的自然环境情况、周边的产业结构及市场需求，在实验区内适度开展以种植业为主的多种经营，南昆山适合茶树、毛竹、柑橘、兰花的生长，群众亦有长期经营的经验和习惯，是当地群众经济的主要来源。实验区内现有毛竹 70.5hm^2、柑橘园 7.74hm^2。计划在苏茅坪、甘坑尾增加一部分果园；在保护区管理处新址附近建兰花圃和茶园。

生态旅游：生态旅游仅限在实验区内开展，生态旅游是人们到良好的生态环境中去保健、疗养、度假、休闲、娱乐，从而达到认识自然、了解自然、享受自然、保护自然的目的；在保护区内适度开展生态旅游活动，是现代自然保护区实现可持续发展的必由之路，是提高保护区自养能力、增强自身造血功能的最佳方案。南昆山省级自然保护区生态旅游开展主要有天堂顶登山旅游、森林度假和果园采摘、科普教育旅游等活动，在上坪尾、大坝尾、上岳木、中岳木等处建设旅游接待及休闲度假设施。

4. 管理和科研设施布局

管理处 新管理处位于上坪尾，占地 3.33hm^2，包括办公楼、实验楼、标本楼、招待所、食堂（水上餐厅）等，建筑面积 5 000m^2，到 2008 年，已建成使用；旧管理处作为自然保护区森林公安管理用房和保护区职工住宅区。

保护网点：根据保护区的范围和保护对象设置上坪尾保护点、苏茅坪保护点、新厂保护点，3 个保护点是自然保护区的基层资源保护实施单位，其职能是对辖区内的生物资源和生态环境资源进行监督管护并协助有关部门实施保护、科研等工程。

检查点：为了控制全区各主要交通要道，对进出人员、车辆登记造册，对偷运和走私的林木和野生动物及时查处。在森林防火期间，对入境的火源进行管理控制。因此，规划在保护区管理处设一检查点。

森林防火瞭望台：为了有效地防止森林火灾，进一步搞好森林火警的监测，规划在天堂顶、正在顶二处山顶修建森林防火了望台。

哨卡：根据保护区的需要，在保护区边缘尤其是道路出入口设立哨卡，在上坪尾保护点、苏茅坪保护点、新厂保护点各设一处哨卡。

科研设施：在管理处建设用地上新建科教楼（建筑面积 2 000m^2）和气象观测点（建筑面积 50m^2），在上坪尾建立珍稀濒危植物繁育基地（占地面积 40hm^2）和珍稀动物驯养繁殖场（占地面积 10hm^2），在天堂顶、菜园窝、老伯公（甘坑河）建 3 个建筑面积 20m^2 科研观测点，在甘坑河老伯公处建水文监测点。

第四章 可持续发展规划

一、基础设施建设

（一）处、站（点）、卡址建设

1. 管理处建设

保护区管理处是保护区的管理中心和指挥中心，为改善保护区人员的办公条件和吸引高素质专业人才，应努力完善办公设施。在上坪尾建设保护区管理处新址，管理处主体工程包括办公楼、实验楼、标本楼、食堂（水上餐厅）等，建筑面积5 000m^2，集办公、科研、宣教、防火指挥、保护管理等功能于一体，至2008年，已建成使用；旧管理处作为自然保护区森林公安管理用房和保护区职工住宅区。

配备电脑、打印机、办公家具、电话、照相机、落地式空调、扫描仪、复印机、办公用车、摩托车、办公桌椅、档案柜、网络设备等。

2. 保护点、检查点建设

保护点是自然保护区的基层保护管理实施单位，是保护区管护能力建设的重要组成部分。保护管理点的职能是对辖区内的生物资源和生态环境进行管护，具体包括保护对象及其生境的保护、自然生态系统的维护、林火监测、病虫害防治工作等，并协助有关部门实施科学研究、生态旅游工程和多种经营等。检查点是为了控制保护区主要交通要道，对进出人员、车辆登记造册，对偷运和走私的林木和野生动植物及时查处。在森林防火期间，对入境的火源进行管理控制。根据南昆山省级自然保护区的自然资源分布、地理位置、交通条件及周边地区人为活动情况等因素，设3个保护点和1个检查点。每个保护点占地0.2hm^2，建筑面积200m^2。

配备办公桌椅、档案柜、放大镜、电话、实物显微镜、交通工具、检查工具等。

表4-1 保护点（检查点）设置一览表

保护点名称	位置
苏茅坪保护点	苏茅坪至保护区交界外
上坪尾保护点	管理处新址
新厂保护点	新厂至从化公路与保护区交界处
上坪尾检查点	与上坪尾保护点合署办公

3. 哨卡建设

在人和车辆经常通过的主要道口处设哨卡，南昆山省级自然保护区共设哨卡3处，分别位于上坪尾保护点、苏茅坪保护点、新厂保护点。

（二）界、碑、桩和指示牌设置

1. 设置原则

自然保护区应设立明显的标桩、标牌，以示区界、指示方向、阐述规章制度、提示警告和表达信息等。对动物主要栖息地、觅食区域、珍稀植物和旅游景点设立明显标志。

2. 种类

区界性标桩（标牌）是标明自然保护区和功能分区的区域界限、位置。在进入自然保护区边界或在功能分区区界的显要位置，应设置区界性标牌。一般设置 1 个自然保护区边界标牌，介绍自然保护区的名称、范围、主要保护对象、保护意义、保护要求、管理机构等内容；可以设置若干个自然保护区功能分区标牌，介绍功能分区的名称、范围、保护要求等内容。其他标牌根据指示方向、阐述规章制度、提示警告和表达信息等需要设置。

指示性标牌是为人们和车辆提供指南，以帮助寻找目标。

限制性标牌是揭示规定、规则，提示人们注意，控制人们活动和行动。

公共设施性标牌是表明设施位置，如休憩、服务、饮水、厕所、垃圾箱等。

解说性标牌主要是说明和介绍情况。

3. 材料及规格

分界碑和区界标应采用永久性的钢质混凝土材料制成，指示性标牌、限制性标牌、公共设施性标牌、解说性标牌等用铁木质材料制成，书写时要简明、通俗。在游人可见的地方可采用中、英两种文字书写。

区界性标桩以坚固耐用的材料制作，一般以水泥预制件为主，长方形柱体，柱体平面长 0.24m、宽 0.12m，露出地面 0.5m，埋入地下深度根据具体情况确定，注明自然保护区或自然保护区功能区的全称及标桩序号；区界性标牌用木材或金属材料制作，牌面为 0.68m×1m、1.36m×2m、2.4m×3.5m 不同规格，贴近地面设置，或牌面底部距地 1m 设置。

其他标牌的牌面为 0.68m×1m、1.36m×2m 不同规格，牌面底部距地 1m 设置，以木材或金属材料制作；地下部分用混凝土灌注 100cm 深。

4. 设置标准及数量

保护区除以河为分界线的，其余的分界线上都要建保护区分界碑。有人类活动的自然保护区边界或功能分区区界，应设置区界性标桩，区界性标桩间隔距离一般为 500m ～ 1 000m，人类活动较频繁的地区或转向点，应适当加密。考虑到各种地形因素，总共需设保护区分界碑 40 个，解说性、宣传性、指示性标牌 15 个。

（三）道路建设规划

南昆山省级自然保护区内道路分为干道（分主干道和次干道）、游步道和巡山道。干道指建于实验区内用于与外围交通、管理处和主要接待设施连接的道路，为水泥路面，主干道以双车道为主，次干道部分路段可设双车道以便会车，确保森林车能够顺利通行；游步道指建于实验区内用于干道、接待设施与旅游景区（点）相连接的道路，一般可根据自然地势设置自然道路或人工修筑阶梯式道路，有条件的可铺碎石或片石，路面宽度 1.2m ～ 1.8m；巡山道指建于保护区内用于保护区护林工作人员进行保护区管理和防护的目的，一般利用自然地形地势走出的便道，不要人为修建。

保护区现有道路 36.1km，其中干道 14.1km，巡山道 22.0km。道路路面质量差、等级低、护坡措施不足，极不利于整个保护区开展正常的保护、科研及管理工作。

表 4-2　南昆山省级自然保护区现有道路一览表

类别	道路区域	道路现状	长度（km）
干道	观音潭—保护区管理处新址	水泥路面，宽 6.5 m	0.5
	管理处新址—横坑路口—老伯公	砂石路面，宽 4m	4.5
	横坑路口—飞桥口	砂石路面，宽 4m	1.7
	大凹背—菜园窝	砂石路面，宽 4m	0.2
	管理处新址—蓝鲞河合口	砂石路面，宽 4m	1.1
	大坝尾—蓝鲞河合口	砂石路面，宽 4m	0.8
	新厂—鸡心石河源头汇合处	砂石路面，宽 4m	4.5
	苏茅坪	砂石路面，宽 4m	0.8

（续表）

类别	道路区域	道路现状	长度（km）
	小计		14.1
巡山道	甘坑尾—天堂顶—老佰公	路面宽 1.2m	3.6
	苏茅坪—鸡心石坑—老厂	路面宽 1.2m	3.2
	林业大队—上五马—老厂	路面宽 1.2m	2.2
	上坪尾—横江其—黄豆岗	路面宽 1.2m	4.1
	黄豆岗—保护区边界（接水泥路到从化）	路面宽 2.0m	0.7
	飞桥口—黄豆岗	路面宽 1.2m	1.9
	金沙潭—黄豆岗	路面宽 1.2m	2.5
	下五马桥—福建柏群落—横坑大顶—天堂顶	路面宽 1.2m	3.8
	小计		22.0

1. 规划原则

道路布设以满足自然保护区管理、科研、巡视防火、环境保护以及职工群众生产、生活需要；

应充分利用现有道路系统，内部道路可按不同等级，构成交叉路网，内部道路需与外部交通衔接；

核心区和缓冲区不新修干道和游步道；

道路线形顺应自然，一般不搞大填大挖，尽量不破坏地表植被和自然景观；

道路要远离地质不良和有滑坡、塌陷、泥石流等危险地段，并作出防护措施。

2. 道路规划

为了更好满足保护与对外交流的需求，保护站与管理处之间的信息交流，同时，为满足巡护和森林防火的需求，需加强道路的建设。规划修建干道（含防火通道）9.7km、游步道（登山道、游道、探险游道、保健步道、康健步道、生态教育径）6.3km、改建巡山道15.2km；在管理处新址、老伯公、大坝尾、蓝靴河合口处、飞桥口、上坪尾柑橘园等处共新建植草砖地面停车场6处，总面积7 100m^2。

表 4-3 南昆山省级自然保护区规划道路一览表

类别	道路区域	性质	路面规格	长度（km）
干道	管理处新址—横坑路口	改建	四级水泥路面，路宽 6.5m	2.0
	横坑路口—老伯公	改建	四级水泥路面，路宽 6.5m	2.5
	横坑路口—飞桥口	改建	四级水泥路面，路宽 4.5m	1.7
	管理处新址—大坝尾	改建	四级水泥路面，路宽 6.5m	0.3
	大坝尾—蓝靴河口	改建	四级水泥路面，路宽 4.5m	0.8
	蓝靴河合口—飞桥口	新建	四级水泥路面，路宽 4.5m	2.4
	小计			9.7
游步道	天堂顶登山道（生态教育径）	改建	宽 1.8m	2.4
	林下会客厅游道	改建	宽 1.2m	1.4
	天堂顶下山游道	改建	宽 1.8m	2.5
	小计			6.3
巡山道	横江其教育径（观鸟）	改建	宽 1.8m	5.6
	蓝靴河教育径（科考）	改建	宽 1.2m	4.2
	横坑大顶—鹿角窝	改建	宽 1.2m	1.5
	菜园窝—菜园窝干道	改建	宽 1.2m	0.6
	大坝尾—石灰写字顶—正在顶	改建	宽 1.2m	1.8
	鸡心石林道—黄豆坝	改建	宽 1.2m	1.5
	小计			15.2

3. 道路护坡和养护

因保护区内山体坡度较大、地层复杂，为了防止道路滑坡、塌方，因此对新建道路和现有道路需要进行护坡工程措施，一方面使道路畅通，另一方面能确保保护区内自然资源免遭破坏，使道路对生物资源的影响减少到最低限度。对道路上方坡面按不同质地进行不同护坡措施，如泥质坡面植草，碎石质面建筑挡土石墙。对路下坡面，防止落石滚下，一般用挡石墙构筑，特别地段用混凝土加固。加强路面保养、沟道疏通，行道树管理、补植、刷白等道路养护工作。

（四）供电规划

保护区内仅管理处新址已并入电网外，其余均未通电。保护区内大部供电可从 35KV 南昆变电站农村线（F2）接入。规划中的苏茅坪保护站从桃源山庄变电房接电，上坪尾保护站从管理处新址变电房接电，规划的旅游接待设施分别从管理处新址变电房、苏茅坪变电房接电以及新建大坝尾变电房、上岳木变电房等，共需变压器及配件 15 套，输电线路 13.3km（含高压线 8.4km）；新厂保护站和正在顶瞭望台因距居民点很远，铺设电线投资很大，可采用手提发电机解决供电问题，加上旅游点的 3 套，共需 6 套手提发电机。

（五）通讯规划

为了更好地开展保护区的日常工作和对外交流，需要增加一定数量的通讯工具。根据保护区的实际情况，采用有线通讯和无线通讯相结合的方式来满足保护区内的通讯要求，在横坑大顶和上坪尾分别建移动通讯塔 1 座，以加强旅游区内移动通信强度。

（六）生活设施规划

1. 供水

保护区集水面极大，水资源较为丰富，且为地表一类饮用水，是南昆山生态旅游区饮用水源。各保护点、旅游接待点和瞭望台一般都直接利用地表水；在管理处新址、大坝尾、上岳木、菜园窝、老伯公、新厂、苏茅坪、横坑、中岳木等 9 处，规划共建澄清池 1 000m^3 和蓄水池 1 200m^3，需要铺设输水管 5km。其中横坑、中岳木、上岳木、大坝尾等地的供水站今后同时也为南昆山的中坪、上坪、下坪等地社区居民和旅游设施供水。

2. 排水

根据保护区的自然地形，采用雨水、污水分流排水系统，雨水根据地形就近挖明沟自然排放到小溪流；生活污水经过湿地生态处理后再渗透排放，粪便污水采用化粪池收集，集中至消毒池，经一级消毒处理后再经湿地生态处理渗透排放。根据保护区的需要，在大坝尾、管理处新址、上岳木、中岳木、菜园窝、老伯公、新厂、苏茅坪等地各建污水处理点 1 个和排水管 2.5km。

3. 卫生设施

在旅游主要路口、游客集中地点和休息处安装垃圾箱，沿游道每隔 150 ～ 250m 安装一个垃圾箱，垃圾箱的形状可根据设置地的环境条件设计成仿各种动物、树桩、竹、蘑菇等形状，共需要设置垃圾箱 128 个。为便于垃圾的收集与运输，规划在上坪尾、上岳木和大坝尾各建立垃圾站 1 个，建筑面积 24m^2，共 3 个，配备垃圾小推车 8 辆，垃圾运输车 1 辆，固体垃圾运至花竹垃圾填埋场。

在上坪尾、大坝尾、天堂顶、上岳木、中岳木、天堂寺等处选择合适位置共建 6 座生态公厕，每个面积为 15 ～ 60m^2，厕所要设在较隐蔽的地方。

（七）保护区大门

在上坪尾保护区入口新建保护区门楼。

二、保护规划

（一）保护原则

根据自然保护区必须贯彻“全面保护自然环境，积极开展科学研究，大力发展生物资源，为国家和人类造福”的方针并结合本保护区特色，主要保护原则如下。

综合保护原则：对保护区实行综合保护措施，不仅要采取隔离保护、护林防火、病虫害防治、封山育林等保护措施并与宣传教育、社区共管等措施相结合，达到保护保护区的自然资源和环境资源。

保护与科研相结合原则：保护区又是科研基地，科研为保护提供新技术，为保护和合理利用自然资源提供科学保障。

保护与开发相协调原则：坚持保护第一，适度开发是为了更好地保护这一理念，在全面有效保护的基础上，对保护区可进行适度利用，主要的利用方式是开展科学研究、发展生态旅游、进行多种经营。科学研究的成果可应用于对保护对象更科学地进行保护，生态旅游和多种经营可带动周边社区的经济发展并增加保护区的自身造血功能和自养能力，促进保护区的保护并达到永续发展。

因地制宜原则：保护工程设施要从实际出发，结合保护区的特点选定建设方案；按保护对象的保护等级、生物习性和工程性质等确定设施标准；各项工程建设不得破坏自然景观和保护对象生长栖息地，建筑形式可多样但要与周围环境相协调。

（二）保护目标

健全保护区管理制度，严禁未经批准人员进入核心区活动，要求在保护区范围实现“三无”的目标，即无山林火灾，无乱砍盗伐，无乱捕滥猎；保证设施设备现代化，管理手段科学化，生产经营高效化。

最大限度地保持保护区自然生态系统的完整性、原始性；保持生态系统质量不下降，为珍稀濒危物种提供繁衍生长的良好生态环境，通过保护、引种、繁殖、驯化，使珍稀物种种群数量得以恢复和扩大。

保护好南亚热带常绿阔叶林为主的森林生态系统、生态群落和多功能生态林，维护生物多样性，建立生物物种基因库。

保护好生态环境资源，做到大气和水资源不受污染，空气负离子浓度和植物精气得到提高，水资源更丰富，为人类和动植物创造一个良好的生存空间。

（三）保护措施

建立完善的保护管理体系：保护区管理部门统筹保护区的资源保护和管理，根据保护的需求设立保护点、检查点和哨卡等管护机制，同时要联合南昆山森林派出所及生态旅游区治安派出所，形成覆盖全区的资源保护网络系统，达到有效保护的目的。

标桩划界，实施分区管理：将批准的面积和范围用界线落实到现场，用耐久性的材料打桩钉牌，各功能区界线明确。在通往保护区的交通要道和人们经常活动的地段，设立醒目的各种宣传牌。核心区、缓冲区和实验区应进行分区管理，核心区内禁止开展生产经营活动，杜绝狩猎、参观游览、非科研性采集、修建道路等，使其保持一个相对封闭、稳定的环境；缓冲区内主要从事科学研究、观测活动；实验区内在保护好现有野生动植物资源的前提下，可适度开展教学实习、生态旅游、生产经营等活动，但必须禁止采矿、狩猎、放牧等对植被造成破坏性影响的活动。

健全规章制度，实行目标责任制：严格执行《森林法》《野生动物保护法》《中华人民共和国自然保护区条例》，建立和完善南昆山保护区保护管理工作的各项规章制度，如南昆山省级自然保护区管理办法、火源管理制度、进出保护区人员的管理许可制度、巡逻检查瞭望制度、宣传教育制度、乡规民约、社区共管制度等，使保护区的管理做到有章可寻。保护管理处对专职管护人员要实行分区划片、分片包干、责任到人、定期检查监督，落实保护责任制。

加强原始生境的保护和恢复工作：保护区内森林植被丰富、生物多样性程度高，这些动植物群种均具有较强的地域特征，不容被外界干扰破坏。在严格有效保护的基础上，通过各种科学手段恢复受损生态系统，扩大珍稀特有物种种群，主要有对天然林应实施全面的封禁，杜绝采伐、垦荒等生产经营活动；实施天然阔叶林和生态环境恢复保护工程，对区内植被稀疏地带，尤其是低海拔地带的林中空地、荒地等均须采用封山护林的方法和实施促进群落顺向演替等技术措施，逐渐恢复植被；对古树名木进行保护，实验区内所有古树名木应进行挂牌和建立档案保护； 加强对水源的保护，严禁在保护区内的水源排放“三废”，协助环保部门对水体环境进行监测，保证源头水质优良；加强宣教，利用舆论工具加强对社区群众和游客的宣传教育，让保护自然的意识深入人心，推动全社会支持自然保护事业。

加强森林防火和森林病虫害防治：坚持“预防为主，积极消灭”的方针，通过建设瞭望台、保护点等防火设施建设，严格管制野外用火，加强巡查，清除隐患。同时建立森林病虫害预测预报网（点），对外来林产品严格检疫，预防森林病虫害的发生。对病虫害的防治则采用生物防治法为主，适当辅以化学防治的措施，尽量减少对环境的污染。

建立社区共管机制：充分利用社区群众对自然保护区事业的关心和支持，启动社区共管计划，进行生态环境和法律法规的宣传教育，引导和鼓励群众参与保护区建设，保护区应积极在社区推广农业新技术、新产品，促进社区经济和保护区建设协调发展。

适度开发生态旅游和多种经营：充分依靠自身的资源优势，在保护的前提下，适度开发不影响保护区环境的生态旅游和多种经营，增强自身造血功能和自养能力，以开发促保护。

加强科学研究与国际合作：科学研究一方面是保护区利用的一种独特方式，另一方面是为了加强保护区的科学保护与管理；科学研究应做到多学科联合，加强国际合作，力求引进国外的先进科学技术与保护管理经验，强化南昆山省级自然保护区保护工作。

（四）野生动植物保护规划

加强野生动植物的保护，打击偷猎、采挖、非法贸易等。对古树名木进行挂牌保护。

进行珍稀、濒危植物的培育和繁殖。规划在上坪尾划定珍稀濒危植物繁育区域，包含植物标本展厅、植物培育区、植物繁殖区、植物引种区、珍稀植物展区等。对动植物种类、分布、资源进行详细的本底调查，并做好记载。

进行野生动物的驯养繁殖和引进。规划在上坪划定珍稀动物驯养繁殖区域，包括动物标本展厅、动物繁殖区、动物驯养区、野生动物救护点、（引进）动物展示区、动物表演区等。对引进的动物要进行跟踪调查、种群监测，并研究其对当地动物群落的影响和作用。

强化生态工程建设，保护物种生境。天然林是保护区内的主体林分，它不仅发挥着涵养水源、保持水土、调节气候、净化空气、维持生态平衡的综合作用，更重要的是它是野生动植物的主要分布区，是生物资源宝库，是我国典型的南亚热带常绿阔叶林为主的森林生态系统，它在维护生物多样性方面发挥着至关重要的作用；保护区内许多珍稀物种的生境是独有的，具有很高的科研和学术价值，必须给予严格保护。规划对区内天然林资源全部实施封禁，采取封山护林和补植改造等技术措施，严格实施天然林保护工作等生态工程措施，建立南亚热带常绿阔叶林森林生态系统定位监测系统，提高科技含量；对珍稀濒危动植物进行分级保护。

加强科研合作与交流。与大学、研究院所加强动植物、生态科研的合作。积极参与国内外自然保护区学术研究，强化与国内外学术交流和合作，特别是加强港澳地区自然保护区的合作，使南昆山省级自然保护区科学研究得到迅速提高。

配置无菌操作台、电冰箱、培养架、培养瓶、遮阳网、温室大棚、实物显微镜、自动喷灌工具、农用机具、标本制作工具等。

（五）防火规划

森林防火工作是自然保护区保护工程措施的一项重要内容，要坚持“预防为主，积极消灭”的方针利用先进的科学管理技术，加强森林防火体系建设，提高预防和扑救森林火灾的综合能力。具体规划内容如下。

建立护林防火责任制：根据《森林防火条例》，保护区应将防火责任区分片分解到保护管理点、哨卡、护林员，层层签订责任状，将法律责任落实到个人，定期检查，奖罚兑现。防火期间，全区保护站要安排护林员日夜巡护，排除火险。

完善林火监测预报系统建设：在天堂顶、正在顶二处山顶修建森林防火瞭望台，配备远红外监测仪、无线对讲系统，基本上控制全区范围，并在各保护点、检查点、哨卡设立监测点，在上坪尾建设气象观测点 1 处，充分利用龙门县气象台火险气象预报资料并与保护区气象观测点结合，及时完成森林短、中期火情预测预报，通过气象警报电台、广播、电视等途径及时播报，为及早落实森林火灾预防措施提供可靠保证。

营造：利用现有的道路进行隔离防火，定期维护、清理枯枝落叶。在保护区界上修建主防火线，特别是在田边、路边修建防火林带和在区内的主要山脊上修建了副防火线，主要是在立地条件较差的山脊山岗；防火线宽度一般为 15m，最低不少于一倍半树高；做到每年小修一次，3 年大修一次，并及时清理防火线中的杂草。保护区核心区外围的缓冲地带以及保护区周围、地质较好、应设置防火林带的地段，根据明显的地形地势（山脊及两侧、山沟下部等）均规划为副防火线，副防火线主要栽植木荷、杨梅等防火树种，防火林带的宽度一般为25m，最低宽度不应小于一倍半树高，从而构筑绿色屏障；共计营造生物防火林21km。

必须注意自然景观不受破坏：本保护区保护了多种重要生物物种及其生境，为人类提供一定原生状态的森林生态系统。因此，在制定和实施保护区森林防火规划时，既要考虑其防火效能，又要着重考虑保护区的自然景观不受破坏，特别应当避免破坏珍稀濒危野生动植物的生态特性和生活习性。

加强防火法规、防火知识、防火意识的宣传与教育：加强《森林防火条例》及配套法规的宣传活动，以增强保护区职工和周边群众的防火意识。定期召开护林防火联防会议，总结经验教训，增强应急协调指挥能力。各保护站、哨卡点工作人员须定期进行防火知识和灭火技术培训，提高防火业务素质。保护区各主要出入口和居民区设防火警示牌、警示旗和防火标语。

建设防火设施：购置防火消防车，在道路旁边修建消防蓄水池。配置望远镜和海拔仪、防火车、风力灭火机、轻便油锯、2号扑火工具、灭火弹等扑火器具。

结合道路建设规划，修建蓝夆河合口至飞桥口的防火通道2.4km，既解决交通问题，又可以作为防火通道，起到防火隔离的作用。

（六）病虫害防治

坚持“预防为主、综合治理”的方针，根据森林病虫害的发生特点和发展趋势，因地制宜，开展森林保健，做好病虫害预测预报和防治工作，并严格执行《森林病虫害防治条例》。

建立防治网点：为加强森林病虫的防治工作，特别是对竹蝗、松材线虫的防治。规划在上坪尾建立200m^{2}森林病虫害防治点，保护区管理处购置防治车辆1台，每个保护站配备自动喷雾器2台，共6台。

实行严格检疫：根据《植物检疫条例》，各检查站设立检疫点，对进入保护区的木材、林产品、种苗进行检疫，将危险性病虫害拒之门外。

建立预测预报网络：严格执行《森林病虫害预测预报管理办法》，在各保护站设立预测预报点，进行定点、定位、定时观测，对主要害虫生活史、习性、生物学特性及发生、发展规律进行系统研究，开展预测预报工作，为制定应对措施提供准确数据。

生物防治：充分利用保护区内的天敌较多的有利条件，对发生的病虫害实施生物防治，必要时辅以化学和物理方法防治，但必须使用低磷、高效、低残留的农药，防止环境污染；引进和采用国内外先进技术，提高对病虫害的综合防治能力。

（七）保护方式

保护运作方式：保护区以管理处统筹管理，各保护站实行分区域管理，层层实行目标管理，签订责任状，把保护措施落实到实处。其管理程序为，管理处——保护点——哨卡——管理员。

分区保护方式：根据保护区功能区划，按照不同功能区采取不同的保护方式。核心区实行绝对保护；缓冲区主要从事科学研究和观测活动；实验区在实行全面保护的同时，根据自然资源条件，适当开展科学试验、教学实习、参观考察、旅游及旅游服务等活动。

保护措施方式：主要采用工程保护措施与非工程保护措施结合，区内保护与区外保护结合，专职保护与兼职保护结合，保护区与联防组织保护结合，法律法规与乡规民约相结合的方式实施保护管理。

三、科研规划

（一）科研任务

常规性科研任务：主要根据保护工作的需要对区内外气候、物候、动物活动、生态环境等方面进行经常系统的调查、观测、预测预报、考察或试验，从而获取基础资料，为保护和管理提供科学依据。积极开展生产性的科研试验，为合理利用生物资源提供可靠的技术保障。

专题性科研任务：主要指对保护区生物的区系、组成、结构、分布和分类的研究、濒危植物的引种栽培技术研究、珍稀动物的驯养繁殖研究、生物多样性研究等课题。重点进行南亚热带常绿阔叶林为主的森林生态系统定位研究。

监测任务：包括野生动植物监测、社区监测、旅游对环境的影响监测、森林火灾和森林病虫害监测、特殊物种的监测、水质监测等。

科研基础设施建设任务：要建立比较完善的试验、观察（监测）、调查研究、科技资料、标本制作、贮存、陈列、科研管理、宣传教育等基础设施、设备，以满足开展正常的科研活动。

（二）科研目标

近期目标：加强科研基础设施建立，建成南亚热带常绿阔叶林森林生态系统定位观测站，提高科研人员素质；完成动植物种类、土壤重金属含量、四季小气候变化、昆虫、土壤微生物等本底资源补充调查，做好珍稀濒危动、植物引种、繁育技术研究；做好自然保护区生态旅游与生态保护可持续发展研究。

中远期目标：以生态定位观测为核心，开展南亚热带常绿阔叶林森林生态系统可持续发展研究；做好珍贵保护树种群落监测和野生动物活动规律研究；开展自然保护区生态环境演变规律的研究和自然保护区效益的研究。力争这些研究达到国内先进水平。

（三）科研项目

根据科研活动的任务和目标，本保护区在规划期内主要开展以下科研项目。

基础性研究项目：包括本底调查和综合科学考察，如自然条件、自然景观、动植物区系、种类、资源贮量、物候观察、保护区的地理和历史、社会基本情况调查等。

搜集整理现有调查考察资料；对全区范围内的自然环境和自然资源（地质、地貌、土壤、气候、水文、自然景观、历史、社会基本情况、野生动植物、环境质量及其他生物资源）进行补充清查；分门别类建立保护区自然资源档案和数据库；

研究分析动植物区系组成，搞清野外珍稀濒危动植物物种的种类、种群数量等现状情况；

森林植物群落类型特征、分布、概貌及常规规律的调查研究；

定位观察监测；

开展常规性的科普宣传教育活动；

进行保护区内人为影响的历史、现状与生态后果的调查研究；

专题性研究项目：根据基础研究提出的问题，有计划、有重点的开展专题性研究项目。

南昆山南亚热带常绿阔叶林森林生态系统研究，包括生态系统的成分、结构、功能及生产力等研究；

南昆山珍稀濒危动植物人工培育繁殖技术研究；

南昆山珍稀濒危动植物个体野外生态、繁殖能力、保护途径等研究；

经济类（药用、食用、观赏、绿化等）野生动植物人工培育繁殖技术研究；

多种经营（含生态旅游）与南昆山省级自然保护区保护关系研究；

南昆山省级自然保护区可持续发展战略研究。

政策性研究项目：主要开展保护区针对性政策法规、保护区生物资源有效保护管理办法、旅游等自然资源合理开发利用管理办法等的研究。

（四）科研工程

根据保护区现有科研设施、设备及所规划的科研项目，需配套建设以下科研工程。

（1）科研监测系统工程

科研监测设施：在管理处建立科研大楼设中心实验室、仪器设备室、资料档案室、动植物标本室和监测室，购置科研、监测、标本制作等设备；

信息管理系统：在科研监测中心安装地理信息系统（GIS）、全球定位系统（GPS）、利用遥感系统（RS）技术采集、分析和输出保护区地理信息，使之可视化，并进行信息的综合评价与预测，为保护管理工作提供周到的服务。设备仪器配备含微机、扫描仪、数字化仪、彩色喷墨绘图仪、手持 GPS 等；

野外植物资源状况动态监测体系：在主要珍稀濒危植物的分布区，建立动态观测监测点，着重对本区的伯乐树、穗花杉、桫椤、红花荷、长叶竹柏、观光木、山橙等珍稀濒危植物物种的个体、种群数量、生态生物学特征及其生境进行长期观测监测；

野外动物资源状况动态监测体系：主要在野生动物的主要活动栖息地，建立动态观察监测哨，着重观察监测保护区苏门羚、穿山甲、大灵猫、小灵猫、水鹿、锦鸡、红嘴相思鸟、海南虎斑鳽等珍稀濒危动物物种的个体、种群数量、生物习性、游迁规律及路线等；

森林资源动态监测体系：在整个保护区范围，按要求设置一定的固定和临时样地，定时对森林资源的消长情况进行动态调查监测；

环境质量（包括气象、水文）动态监测体系：保护区应与环境保护部门合作，在上坪尾建立环境质量监测点。并按有关环保的规定和要求，分别在核心区、缓冲区、实验区设立一定数量的取样点，定时进行大气、水质、土壤、生物等因子的环境质量测定分析。为本保护区的环境保护提供依据，也为环境污染地区提供本底资料。同时，与气象部门合作建立气象观测点，对南昆山的气象、水文因子进行长期观测，为保护区其他各项研究提供基础资料；

森林生态系统动态监测体系：主要在南昆山省级自然保护区有代表性的地段，设立定位观测监测点，从事具有典型性南亚热带常绿阔叶林森林生态系统的组成、结构、特征、稳定性、可塑性、演替规律、能量循环、综合效益及生产力等的观测研究。

（2）建立珍稀濒危植物繁育基地

设在上坪尾，面积40hm^2，主要研究南亚热带常绿阔叶林森林生态系统珍稀濒危植物和特有植物。包括珍稀濒危类植物繁育试验区、造林绿化类树种繁育试验区、经济药用类植物繁育试验区、观赏花卉类植物繁育试验区、植物园和配套管理用房等。

（3）珍稀动物驯养繁殖场

设在上坪尾，占地面积约10hm^2。包括珍稀类动物驯养繁殖试验区、经济类动物驯养繁殖试验区、野生动物救护点、半野生状态的饲养区、观赏展出区和配套管理用房等。

（4）科研科普教学楼

设在上坪尾，建筑面积约2 000m^2，主要用于大中院校学生实习用房。配置科研辅助设备。

（五）科研队伍

为适应本保护区科研工作需要，保护区要有一定数量的专业技术人员，一般占保护区管理人数的1/3以上，自然保护区除有林学专业的科技人才之外，还应有动物学、植物学、生态学、环境保护学、森林旅游学等专业的人才，以开展科学研究监测，负责建立生物资源数据库，开展国际、国内科技交流与合作，负责宣传教育及对区内职工教育培训，负责科技管理、科技档案工作，科研所人员要有较高专业基础理论和技术水平，要有高度事业心和艰苦奋斗精神，要不断学习、更新知识，努力掌握现代先进的科研技术和手段，以确保科研任务的顺利完成。保护区要建立健全科技人员的定期培训制度和制定科技人员的优惠待遇政策，以稳定保护区的科技队伍。

（六）科研组织管理

科学的管理方式是实施科研计划、取得科研成果的保证，科研项目要想取得有效的成果，就必须进行项目的科学管理。

①加强科研管理，制定该保护区的科研发展规划和制定年度计划。加强科研管理，主要包括课题申报、课题研究、计划编制、人员安排、经费计划等，确定具体实施单位，组织观测、考察、调查等具体工作。

②建立、健全科研规章制度，项目实行课题组长负责制；

③制定科研经费专项使用制度、科研仪器设备安全使用制度、成果与资料安全管理制度、成果鉴定评审和验收制度。

（七）科研档案管理

档案内容：包括科研规划、计划及总结材料，科研论文及专著，科研记录及原始资料，科研合同及协议等。

档案管理：主要措施有加强科技管理，建立科技档案制度；确定专人负责，建立岗位责任制；建立科研人员每年编写科研报告制度；完善档案收集及借阅制度；强化档案保密制度；建立信息档案库，实行档案管理制度化、标准化、程序化。

四、科普教育规划

（一）对参观旅游者的宣传教育

南昆山省级自然保护区生态旅游资源丰富，随着自然保护区的开发和知名度的提高，将会有越来越多的参观旅游者来保护区参观考察，为了减少由此而带来的负面影响，采取如下措施。

①在保护区管理处建立面积 2 500m^2 的生态培训课室、面积 400m^2 的生态环境宣教室和面积 500m^2 的展览室，采用人工讲解、广播、录像、幻灯片和文字材料等形式对参观者进行生态环境保护的宣传教育，使这里成为游人学习知识、接受自然保护教育的课堂；

②在门票、导游图和向参观者发放的纪念册上，印制保护对象及与保护区有关的介绍材料、保护生态环境的警语和要求，使游客对保护区重要性有进一步的了解和认识；

③在保护区入口处及沿路醒目处设置永久性宣传标语牌，在保护区尤其是核心区周围设置宣传牌，提高人们保护南亚热带常绿阔叶林森林生态系统、保护珍稀动植物的意识，通过定期组织夏令营的形式开展对旅游者特别是学生、儿童的宣传教育；

④在特定日期，如野生动物保护日、爱鸟周等，充分利用电视台、电台、报纸等各种宣传媒体进行宣传教育，在保护区内向游人进行巡回宣传教育；

⑤开通和建立南昆山省级自然保护区网站，进行网络宣传。

（二）对周边社区的宣传教育

自然保护区工作人员要经常深入周边社区，通过座谈、作报告、广播、电视、报刊、杂志、定期发放材料、墙报和标语等形式，向周边社区居民宣传保护区与社区的协作关系、保护区动植物资源与人类的密切关系，宣传森林法、自然保护区管理条例、自然保护区管理办法等政策法规，使社区广大干部群众认识到保护的目的是为了可持续的发展，为了人类生存和发展的需要，使保护野生动植物资源成为社区干部群众的自觉行动。规划配备宣传车辆 1 台及配套的设备。

（三）职业培训

利用管理处的宣教中心场地和设备建立培训室，聘请专家授课，从保护区的行政管理人员到基层保护人员都要接受有关自然保护的业务培训，考核合格后领取结业证，实行持证上岗制度，并选派其中的优秀人才去大专院校进修。培训方式可采用在岗培训或脱产培训方式。

（四）教学实习基地

南昆山省级自然保护区是我国典型的南亚热带常绿阔叶林森林生态系统，在做好保护科研工作的同时，建设好宣教中心和保护区管理处到天堂顶的生态教育径，以及横江其、蓝荤河教育径，形成完整的自然生态体系科普教育体系，也可发挥自然科学教育基地的作用。主要包括邀请国内外专家前来考察、研究；与国内专业院校合作，成为这些院校的教学实习基地；与周边中、小学合作，成为这些学校的第二课堂；与国内大中城市教委合作，成为青少年科技夏令营基地。规划建设基地用房 1 400 m^2，配备电教室、电视机、电脑、照相机、放大镜、望远镜等教学设备。

五、社区共管规划

自然保护区必须坚持“以保护为目的，以发展为手段，通过发展促进保护”的指导思想，在做好保护区保护工作的同时，要有计划、有目的地扶持社区的发展，使保护区和周边社区得到和谐发展，达到共赢目的。

（一）规划的原则和目标

（1）规划原则

①遵循生态经济学原理，以保护为前提，合理开发利用自然资源的原则；

②以保护社区建设为重点、社区建设为支撑和相互促进、协调发展的原则；

③严禁在核心区和缓冲区开展经营活动的原则；

④项目的开展既有利于引导社区居民的参与和脱贫致富，又利于保护区的保护和管理工作；

⑤发展项目要重视和尊重当地文化特色，发展既有利于资源保护和恢复，又符合社区发展需要和国家与区域产业政策的原则。

（2）规划目标

社区共管必须坚持建立完善的社区共管网络体系，保护工作得到地方政府和周边群众的支持，促进社区群众自觉关心、积极参与保护区建设，从而提高自然保护区管理质量；同时，积极推广农业新技术、开发新产品、开展多种经营、调整产业结构、发展社区经济，促进社区居民生活水平得到明显提高和改善，实现减少保护区内的资源消耗，达到人与自然协调发展，使自然保护区走上可持续发展道路。

（二）社区共管模式规划

建立社区共管机制：建立由保护区和当地社区组成的社区共管机制，负责保护区、社区各方面的协调工作和宏观决策，以保证共管措施的有效实施。

编制社区资源管理计划：根据社区社会经济条件和自然资源现状制定社区资源共管体制并确定自然资源的管理方式和经济发展项目，提出解决保护和利用间矛盾的方案并结合实际情况编制社区发展规划，确定共管项目。

建立资源保护和治安联防制度：保护区内的保护站应与社区的行政村组成联合巡防小组，聘请农户中的积极分子担任骨干，制定乡规民约，依法对辖区内的自然资源进行严格管理，进行经常的巡护排查，预防盗伐偷猎事件和森林火灾发生，对出现违法行为进行严肃查处。

共管示范村建设：为探索实施社区共管的最佳途径，规划选择一个自然村作为实施社区共管的示范单位，阐明共管的概念、责任和利益，在此基础上积累经验，并推广于整个社区，使自然生态系统保护与社区经济发展达到和谐统一。

社区共管宣传建设：在南昆山生态旅游各管理社区及管委会各建一处社区共管信息栏和社区共管宣传牌，信息栏和宣传牌各 6 块；在进入保护区各主要道路旁设立社区共管宣传牌计 13 块。

（三）周边最佳产业结构模式

随着自然保护区保护、多种经营（含生态旅游）工作的深入，必然给周边社区的经济发展和居民的生活水平带来一定的影响；根据当地自然地理、资源条件分析、政策环境和市场前景，保护区周边地区应以旅游业为龙头产业，发展以水果、竹笋、茶叶等种植业和旅游纪念品加工业等优势产业，使社区生产经营活动形成一个有机的整体，为旅游业的发展提供具有南昆山特色的优质产品系列作为自身的最佳产业结构模式。

（四）人口控制

南昆山省级自然保护区涉及保护区周边的当地社区 2 个共 693 人，因山区人一贯的靠山吃山的习惯，这些人口成为保护区建设与发展的制约因数，保护区管理处应加强人口的控制力度，与当地政府联合，严格实行计划生育，减少外来人口；在今后社会经济和保护区事业的发展中，保护区和当地政府在招工、就业等方面优先考虑这些居民。

（五）社区发展

严格执行国家对自然保护区建设管理的有关规定，在自然保护区的核心区和缓冲区，不得建设任何生产设施；在实验区内，不得建设污染环境、破坏资源或者景观的生产设施；所有建设项目，其污染排放标准不得超过国家和地方规定的污染排放标准，未经国家林业局或者广东省林业主管部门批准（依据《森林和野生动物类型自然保护区管理办法》），任何单位和个人不得进入自然保护区建立机构和修筑设施。

加强保护区基础设施（交通、供电、供水、通讯）建设，改善周边社区的生活环境；为发展社区经济，设立社区共管培训课室，开展高新农业实用技术培训和旅游服务质量培训，协助社区发展旅游及相关产业，从而增加当地社区居民就业门路，发展当地社区经济，实现保护区和社区和谐发展。

六、生态旅游规划

南昆山省级自然保护区生态旅游活动在保护区的实验区进行，面积为 459.92hm^2，占总面积的 24.37%，以开发生态旅游项目为主。

（一）规划指导思想

坚持自然保护区以可持续发展理论为方针，以满足人民日益增长的旅游消费需求为目的，依托南昆山生态旅游区大生态旅游环境，运用生态学、生态经济学和系统工程学原理，树立资源环境价值观，统筹规划，协调发展在保护好生态环境的前提下开发保护区生态旅游，且旅游项目的开发和经营活动，主要交由市场承担；根据南昆山省级自然保护区旅游资源特点，以市场为导向，着力发展休闲度假、森林观光、登山健身、溯溪探险、康体娱乐以及科普教育等以森林生态为主题的专项旅游，达到人类与自然和谐共存，实现自然保护区可持续发展。

（二）规划原则

①坚持旅游活动只限在实验区内展开，游客接待规模必须控制在环境容量以内的原则。

②自然保护区生态旅游建设应以林学、生态学、森林医学、旅游经济学及系统工程理论为指导，遵循保护优先的原则。

③自然保护区生态旅游开发应以森林旅游资源为基础，以市场为导向，因地制宜，注重实效。

④坚持以保护为主，旅游开发促进景观质量、环境质量和保护区保护的原则，坚持旅游项目建设以自然为主，体现地方特色，与自然相协调的原则。

⑤自然保护区总体规划，要注意与南昆山生态旅游区总体规划及相关规划相衔接；应符合国家现行的有关专业技术标准、规范和规程的规定；应与当地经济建设相结合，起到周边社区社会经济共同发展的功能。

⑥坚持旅游开发与科普教育、保护宣传工作相结合的原则。

⑦坚持以生态效益为主，兼顾经济效益和社会效益的原则。

（三）生态环境资源评价

1. 环境空气质量评价

（1）大气环境污染物的监测

执行国家《环境空气质量标准》(GB3095-96) 中一级标准，及《山岳型风景资源开发环境影响评价指标本系》(HJ/T6-94) 中规定标准，空气采样点监测项目二氧化硫、二氧化氮、悬浮颗粒物，监测结果得出测点 SO2、NO2、TSP 的浓度范围、日均值的超标率和超标倍数均为 0，说明测点的各因子均达到《环境空气质量标准》（GB3095-96）中一级标准，项目区环境空气质量等级为一级，环境空气质量优。

（2）大气中细菌含量的测定

整个南昆山省级自然保护区内空气的质量非常好，清洁度高。4 个取样点每立方米空气中的细菌含量均不到 200 个，均未超过 3 768 个 /m^3。细菌最低的取样点是江北支队遗址，只有 115 个 /m^3，是对比点广州火车站的 1/249，也就是说广州火车站空气中的细菌含量是江北支队遗址的 249 倍。广州火车站每立方米空气中细菌含量为 28 600 个，超过每立方米空气中含细菌 3 768 个，即超过了标准。从总菌数看，广州火车站最多，蓝奢河和大坝尾最少。从涂片染色镜检结果分析：空气中杆菌和芽孢杆菌多于球菌，球菌最多不超过 25%，大坝尾在 5 分钟取样中还未发现球菌。

2. 空气负离子评价

负离子浓度普遍较高：南昆山省级自然保护区森林植被良好，森林茂密，溪流潺潺，区内空气负离子资源丰富，34 个测点空气负离子平均含量为 4 134 个 /cm^3，最大瞬时值达 39 200 个 /cm^3。空气负离子水平分布以跌水、溪流周围的空气中负离子含量最高，浓度最高的测点为老伯公至天堂顶路上的多层跌水下，平均值高达 37 800 个 /cm^3。国际上认为空气负离子浓度在 700 个 /cm^3 以上有利于人体健康（国内标准为 1 000 个 /cm^3），10 000 个 /cm^3 以上可治疗疾病。全部测点负离子浓度平均值超过 700 个 /cm^3。4 个测点负离子浓度平均值超过 10 000 个 /cm^3。

空气清洁度高：国际上一般认为，当 q ＞ 1.0 时，空气不清洁；当 q ≤ 1.0，空气清洁，人体感到舒适。南昆山省级自然保护区 34 个测点中，绝大部分测点的 q 值≤ 1，＞ 1 的测点只有 1 处（该处正在进行施工）。根据空气清洁度 CI 值评价标准分析，33 个测点 CI 值＞ 1，达到最清洁标准，说明南昆山省级自然保护区范围内空气清洁，旅游舒适度高。

综合利用方向：南昆山省级自然保护区范围内，空气清新，负离子含量较高，环境幽静，气候舒适，是都市人消除疲劳、放松身心、恢复体力、调节生活的理想场所，建议在负离子含量相对集中的地方建立空气负离子呼吸区、森林医院、森林疗养院、森林浴场、静养场、高档别墅区、度假村、森林小木屋等保健、康体、休闲、度假类型的生态旅游设施，通过合理的开发利用，使空气负离子资源成为南昆山的重要卖点，带动南昆山省级自然保护区旅游业的大发展，从而大大提高保护区的社会效益、经济效益和生态效益。

3. 地表水环境质量监测

执行国家《地表水环境质量标准》（GB3838-2002）中第 I 类标准评价， 及《山岳型风景资源开发环境影响评价指标本系》(HJ/T6-94) 中规定标准。

保护区内甘坑河断面各监测项目平均值均低于 GB3838-2002《地表水环境质量标准》第 I 类标准值，各项因子超标率均为 0。甘坑河断面水质达到《地表水环境质量标准》（GB3838-2002）中 I 类标准，水质优良。

4. 植物精气测定分析

(1) 特征植物选取

规划组 2006 年 7 月选取保护区的马尾松、竹柏、木荷、红楠、楠竹、檵蒴栲、樟树、深山含笑、阴香、苦槠等 10 个特征植物，对其叶片精气成分和含量进行评价。

(2) 结果评价

通过对南昆山省级自然保护区植物精气进行评价，发现保护区萜烯类物质含量丰富，特别是单萜烯类化合物成分多、含量大。为保护区植物精气科学利用提供了基础材料，为保护区开展生态旅游、建立森林浴场、静养场和小木屋区等提供了物质条件和理论依据。

5. 环境天然外照射贯穿辐射水平监测

含有放射性的大气、水、碳渣和尘埃会产生电离辐射。当 α 、β 、γ 射线与生物机体细胞、组织等相互作用时，常引起物质的原子、分子电离，从而破坏机体内某些大分子结构。放射性进入人体主要有 3 种途径：呼吸道进入、消化道食入、皮肤或黏膜侵入。放射性污染物进入人体之后，往往沉积在人的内脏组织器官，如肺、胃肠、肾脏、肝脏以及骨骼中，产生“内照射剂量”。在一般情况下，仅受某些微量元素污染，并不会影响健康，但是当放射性污染物种类或数量较多时，人体受到照射剂量大时，会出现头晕、头痛、食欲下降、失眠、呕吐、毛发脱落、白细胞和血小板减少等现象，倘若放射性剂量大或积累多，则可能发生肿瘤、血液病或遗传障碍，直至死亡等放射性公害病。

为了摸清南昆山省级自然保护区的天然贯穿辐射水平，规划组于 2006 年 8 月和 2007 年 3 月两次对其进行了监测。监测结果表明，按区域平均南昆山省级自然保护区天然贯穿辐射人均年有效剂量当量为 1 547.32μSv，其中天然 γ 辐射所致剂量当量为 1 282.20μSv，占 83.1%，宇宙射线辐射所致剂量当量为 265.12μSv，占 16.9%。天然贯穿辐射所致人均年有效剂量当量与国家质量监督检验检疫总局 2002 年 10 月颁布的《电离辐射防护与辐射源安全基本标准》（GB18871-2002）比较，低于单一年份内年有效剂量 5000μSv 的限值。

6. 森林小气候测定

2006 年 7 月 14 日～ 7 月 21 日，采取短期定位对比观测法，每小时观测一次，昼夜连续观测，对保护区进行了森林小气候测定。以龙门县气象站、惠州东坪气象站的同步观测值为对照。结果如下：

保护区内气候垂直变化明显，海拔每升高 100m，气温降低 0.71 ～ 0.79℃，空气相对湿度增大 1% ～ 3%。海拔 700m 处的老伯公测点夜间地形逆温强度为 0.2℃ /m。

保护区内气温比龙门县晴天低 2.8 ～ 4.5℃，雨天低 1.3 ～ 2.4℃，比惠州市晴天低 4.1 ～ 5.8℃；保护区内比龙门县风速小 0.3 ～ 0.7m/s，静风频率多 6% ～ 15%。

保护区内森林小气候优势明显。林内与林外相比，日平均气温低 0.1 ～ 0.7℃，气温日差小 0.6 ～ 3.7℃；空气相对湿度高 1% ～ 33%，风速小 0.6 ～ 0.7m/s，静风频率达 17% ～ 46%。

保护区内日舒适有效温度持续时间较长，一日有 11 ～ 15h 使人感觉舒适；龙门县一天仅 1h 令人感觉舒适，21h 闷热，2h 感觉极热，难以忍受；惠州市无感觉舒适时间，21h 感觉闷热，3h 感觉极热，难以忍受。南方夏季闷热，南昆山省级自然保护区夏季凉爽舒适，其实验区是度假休闲，避暑消夏的理想之地。

（四）旅游资源评价

旅游景观资源是旅游开发的基础，准确、全面、细致地把握旅游地资源的总体特征，才能使旅游规划更具客观性、合理性、可操作性和可持续性。根据南昆山省级自然保护区景观资源特征，评价如下：

（1）区位优势

保护区地处广州市东北部，是龙门、从化、增城 3 县（市）交界地带，东距惠州 129km、南距广州 97km、西距从化温泉 42km，是周边城市居民度假休闲好去处。

（2）定性评价

①森林生态环境优越，生物多样性高：保护区森林覆盖率高，森林生态系统完整，因受东南季风气候影响和人为保护，保存了大片较为完整的南亚热带常绿阔叶林，人们称之为“北回归带上的绿洲”。区内生物多样性高，珍稀野生动植物种类繁多，在生物进化史上具有特殊的地位和作用，被誉为“广东省物种宝库”，是理想的科研、教学基地，对于保护和利用我国特有珍稀物种具有重要意义。

②气候宜人，气象万千

保护区属南亚热带季风气候类型，夏凉冬暖、光能充裕、雨量丰沛，气候宜人；常年平均气温约为 23℃，三伏时节晚上气温在 20℃以下，白天气温比广州市区低 4℃以上，有“南国避暑天堂”之美誉，是人类森林旅游目的地。保护区地形地貌，小气候复杂而优越，气象变幻万千。时而风和日丽、阳光普照，时而风起云涌、雾锁深谷，造就了天堂日出、南昆云雾等绮丽风景。

③旅游资源独具特色

保护区山峰俊秀、峡谷幽深、溪流潺潺、潭池清澈、丛林茂密、古树参天，旅游资源独具特色，是南粤地区不可多得的旅游胜地。

④旅游资源地域组合好，便于开发利用：保护区内旅游资源单体分布呈现“大集中，小分散”的特点。在天堂顶和蓝峯河 2 个旅游资源富集区域内，旅游资源单体分布均匀，各类旅游资源交错有致，景观变幻的节奏感强。

（3）定量评价

根据国家标准《旅游资源分类、调查与评价》（GB/T 18972-2003），南昆山省级自然保护区共有旅游资源单体 108 处。其中四级 3 处，三级 22 处，二级 34 处，一级 49 处。

（4）综合评价

结合定量评价、定性评价结果，同时，参考我们在旅游资源实地调查过程中的感知，我们认为：南昆山省级自然保护区旅游开发前景可观，其中，最具开发、利用潜质的区域为天堂顶。

天堂顶以地文景观资源为主体，旅游资源分布疏密有致、特色鲜明。天堂顶在广东省内具有一定知名度，每年前来登山的游客众多，登山旅游的客源市场已经初步形成。因此，天堂顶的旅游开发应以登山、休闲为主题，综合发挥其康体健身、科普教育、森林观光等功能。

（五）森林风景资源质量综合测评

《中国森林公园风景资源质量等级评定》(GB/T18005-1999)标准中一级为 40 ～ 50 分，一级风景资源，多为资源价值和旅游价值高，难以人工再造，应加强保护，制定保全、保存和发展的具体措施；二级为 30 ～ 39 分，二级风景资源，其资源价值和旅游价值较高，应当在保证其可持续发展的前提下，进行科学、合理的开发利用；三级为 20 ～ 29 分，三级风景资源，在开展风景旅游活动的同时进行风景资源质量和生态环境质量的改造、改善和提高；三级以下的风景资源，应首先进行资源的质量和环境的改善。

借鉴《中国森林公园风景资源质量等级评定》（GB/T18005-1999）标准对南昆山省级自然保护区的森林风景资源进行逐项评价、打分、综合测评，评价南昆山省级自然保护区的质量等级。南昆山省级自然保护区综合得分值为 39.52 分，符合二级风景资源的标准。其综合评分见表 4-4。

表 4-4 南昆山省级自然保护区风景资源质量综合评价表

评价项目	评价因子	标准	分值
风景资源质量	地文资源	20	16
	水文资源	20	15
	生物资源	40	33
	人文资源	15	10
	气象资源	5	4.4
	资源组合	1.5	1.3
	特色附加分	2	1.5
	小计（按权重）	30	23.92
环境质量条件	大气质量	2	2
	地面水质量	2	2
	土壤质量	1.5	1.5
	负离子含量	2.5	1.5
	空气细菌含量	2	2
	小计	10	9
开发利用条件	保护区面积	1	1
	旅游适游期	2	1.5
	区位条件	2	1.5
	外部交通	4.0	1.5
	内部交通	1	0.5
	基础设施条件	1	0.6
	小计	10	7.6
综合得分		39.52	

（六）环境容量分析

合理的环境容量是维护自然风景资源、保护生态环境质量、最大限度地满足游客舒适、安全、卫生、方便等要求的需要。根据保护区开展生态旅游的特点和条件，环境容量的测算采用线路法。

南昆山省级自然保护区内的旅游线路为 30km，按照适宜指标 15m/ 人，经过测算，保护区的日空间容量为 2 000 人次 / 日。

保护区日设施容量包括日床位数容量，1 120 人次 / 日。

日游客容量 = 日空间总容量 + 日设施总容量 =3 120 人次。

各景区全天游览时间为 8 小时，全年游览天数按 300 天计算，年环境容量为 93.6 万人次。

（七）客源市场定位及预测

1. 定位依据

①南昆山省级自然保护区潜在游客特征，包括游客居住地、年龄、性别、职业、收入等。

②南昆山省级自然保护区旅游资源的特点、发展状况及与毗邻旅游资源的竞争优势、区位特点等。

③惠州市及龙门县对南昆山省级自然保护区发展生态旅游的支持力度。

2. 市场定位

（1）地理客源市场

从南昆山省级自然保护区旅游资源的特点与毗邻旅游资源的竞争优势、区位特点等多方面综合考虑。

一级市场：广州市、深圳市、东莞市和惠州市等 4 城市。

二级市场：珠江三角洲地区及广东省内其他市县和香港。

三级市场：广东省周边省市及澳门、台湾。

（2）细分市场

按旅游产品细分，主要发展休闲度假、登山观光旅游市场，同时要大力开发会议旅游市场；按年龄细分，以中青年游客为主，同时关注老年人市场开发；按组团形式细分，积极培育旅行社组团和自驾车旅游，大力发展散客市场。青少年市场的发展变化，加以大力开发。

3. 客源市场预测

根据南昆山生态旅游区和珠江三角洲地区社会经济发展速度和旅游客源市场现状，结合周边类似旅游景区开发初期旅游客源历史资料数据，通过宏观总量比例预测法、目标市场调查分析法和类似项目比较预测法综合运用，对南昆山省级自然保护区旅游客源进行预测。

2007 ～ 2010 年惠州市旅游人数年均增长率为 16.9%。南昆山生态旅游区 2010 年接待游客 81.2 万人次。结合潜在客源市场调查，到南昆山旅游的游客 90% 以上是进行观光游览和休闲度假，34% 的游客想进行登山活动，12% 的游客想到南昆山省级自然保护区旅游。据此，预测南昆山省级自然保护区正式对外接待第一年游客量为 6.5 万人次。因保护区为新开发景区，对游客有较强吸引力，近期游客年增长率为 30% ～ 40%，远期游客年增长率为 15% ～ 30%。

表 4-5　2011~2020 年南昆山省级自然保护区客源市场预测

年份	年接待	
	总人次（万人次）	年增长率（%）
2011	6.50	
2012	9.10	40
2013	12.74	40
2014	16.56	30
2015	21.53	30
2016	27.99	30
2017	36.39	30
2018	47.30	30
2019	54.40	15
2020	62.56	15

（八）建设项目及景点规划

1. 旅游项目规划

（1）生态旅游项目规划

规划在南昆山省级自然保护区的上坪尾、老伯公、天堂顶等区域。从上坪尾—老伯公—天堂顶的登山路线，沿路开发自然生物景观、山地景观、水域景观和人文景观等旅游项目。其主要内容有：天堂顶杜鹃花景观、天堂顶观日、森林植被群落、天堂顶登山等。

（2）科普教育旅游规划

规划在上坪尾、甘坑河、天堂顶和蓝輋河、横江其等区域。主要内容有：上坪尾经甘坑河至天堂顶的海拔 520 ～ 1 200m 不同地带的生态环境、植物分布、动物栖息地、昆虫生境等科普教育；利用巡山道为科学考察设置的横江其观鸟、蓝輋河科考教育路径。

（3）红色旅游项目规划

规划在现江北支队遗址处。建设天堂寺，修复东江纵队江北支队司令部遗址，恢复石质小屋，复原造纸厂，作为红色旅游革命教育基础。开展红色旅游，具有重要的历史意义。

2. 旅游设施规划

（1）景点建设

规划在老伯公建设望天轩、在万人大会场穗花杉附近建设林下会客厅；在天堂顶附近建设天堂阁、风雨长廊、天街，占地面积 1.4hm^2。

（2）游道建设

天堂顶登山游道 6.3km，蓝輋河科考径 4.2km，横江其教育径 5.6km，康健步道 1km。

（3）其他配套设施

规划在景区内建生态厕所 6 座，休息亭 7 座，金沙亭（治安亭）1 座；设置石凳、木椅 50 张。

（4）接待及娱乐设施

①南昆山天堂顶游客服务中心。在大坝尾和上坪尾新建青年旅馆和生态型森林联体度假别墅（不

含现有专家楼），可采用独栋或联排的形式。占地面积 $10hm^2$，包括餐饮、住宿、娱乐、接待中心、仓库等设施，按四星或五星级标准建设，采用产权式酒店管理形式。在度假村附近建 1 000m^2 的负离子呼吸区、$1hm^2$ 森林浴场、$200m^2$ 运动和平衡神经锻炼场、长 1km 宽 2m 的康健步道等配套设施。

②上岳木水上康乐谷。在上岳木果园周边平坦林地建疗养接待设施，占地面积 $3hm^2$。利用甘坑河上岳木果园段建设面积为 5 000m^2 的天然露天游泳场，其中隔离 $800m^2$ 以便气温低时可供热水；游泳场用水经处理达标后排入河道；新建二层建筑面积 1 000m^2 管理用房（含浴室、管理办公室、小卖部、仓库等）和服务中心（含餐饮、娱乐设施）。

③中岳木生态度假村。在中岳木新建度假村，占地面积 $3hm^2$。包括餐饮、住宿、娱乐、接待中心、仓库、垂钓园等设施。

④天堂寺和东江纵队江北支队展示中心。在东江纵队江北支队司令部遗址恢复建设天堂寺和东江纵队江北支队展示中心，占地面积 $0.67hm^2$。

（5）观光缆车

根据游客发展规模及市场需求，经过严密的论证后，近期可考虑建设观光缆车，占地面积 $0.73hm^2$。

（九）游览线路规划

（1）规划原则

游览线路要充分突出主题，使游客在比较短的时间内能够观赏到较多的景观。

应考虑不同年龄层次游客的需求，线路设置灵活，可选性强。

有利于管理和导游，有利于合理安排游客的行、住、食、购、娱等活动。

以 1 日游为基础，灵活组织 2 日游，加强与周边旅游景区景点的联系。

（2）游线组织

1 日游：上坪尾管理区—天堂顶登山—观光缆车—大坝尾或上坪尾；上坪尾管理区—蓝翥河合口—天堂寺、东江纵队江北支队展示中心—上岳木水上康乐谷—上坪尾

2 日游：上坪尾管理区—蓝翥河合口—天堂寺、东江纵队江北支队展示中心—上岳木水上康乐谷—住保护区—第二天天堂顶登山—观光缆车—上坪尾管理区。

七、多种经营规划

（一）规划原则

①以维护生态系统的整体性、连续性和稳定性，在实验区或保护区外围地区选择不破坏自然环境和自然生态过程的项目为前提，兼顾经济、生态和社会效益协调发展。

②自然资源经营利用以可持续利用为原则，不能超越自然生态系统各组成成分的调节适应能力和整体的负荷补偿能力。

③选择难度不大但科技含量高，易于发展，产品社会需求量大，投资少、见效快，群众有一定经营技术和经营习惯的项目。

④发展以非保护性的优势资源为经营利用对象，变资源优势为经济优势。

⑤项目通过环境影响评价和技术经济论证，符合保护区生产实际，符合区域产业政策。

（二）生产方式

①自然资源的经营利用的生产方式选择应有利于提高自然保护区的自养能力。

②生产方式的选择应有利于促进当地经济发展和生产力水平的提高。

③生产方式选择要兼顾国家、集体、个人 3 者利益。

④生产方式选择要体现先进的生产力，积极采用高新技术发展生产。

（三）组织形式

充分利用保护区和周边社区劳动力，实行聘用制或承包制，多劳多得；经营形式以国有、集体为

主，个体为辅，实行多渠道、多形式的经营管理模式；所有经营项目必须服从保护区的统一规划、统一管理和监督。

（四）项目规模

（1）种植业

①竹林改造及开发竹笋林。选择实验区内海拔较低，交通较方便，地形地势较平缓，立地条件好的毛竹林，通过增加投入，采取抚育、施肥及合理留养等集约经营措施，改造为笋竹两用丰产林，以提高经济效益，规划实施面积 100hm^2，地点主要为鸡心石坑。

②果园。在苏茅坪等处适当开辟小面积果园。

③茶园。充分利用上坪尾保护区管理处荒地和鹿角窝竹林改造区共 20hm^2 土地种植茶叶；

④苗圃。解决造林、绿化和果树苗木的供给，主要种植当地优势树种、柑橘等果苗以及兰花等，规划实施面积 5hm^2，建设地点在上坪尾。

（2）旅游业

①开展生态旅游。保护区旅游业可作为保护区多种经营的一项重要内容来开展经营。充分利用实验区的自然环境和景观资源，满足人们日益增长的文化生活需要，宣传和普及自然保护知识，增强人们对环境的保护意识，提高保护区的对外知名度，带动和促进保护区及周围地区第三产业的发展。

②发展旅游商品。充分利用南昆山现有资源生产竹雕工艺品、南昆山竹席、蜂蜜等旅游商品。

（五）效益分析

保护区开展以上项目的多种经营（不包括旅游业），经估算需直接投资 270.9 万元，因利用的是当地现有的人力、物力和技术资源，成本低，收益好，项目达到正常经营水平后，年实现产值可达 450 万元，年净利润 315.25 万元。这不仅为保护区带来了直接的经济效益，并为科研提供基地，同时也为社区居民及周边地区群众创造了大量就业机会，对保护区的保护事业起到了积极的促进作用。

第五章 重点建设工程

一、基础设施建设工程

（一）道路工程

保护区内道路的修建是在原有的干道（宽 4 ～ 6m）、游步道和巡山道的基础上改建的，一般可根据自然地势走出的便道，设置自然道路或人工修筑阶梯式道路。

1. 道路建设

表 5-1 南昆山省级自然保护区重点建设道路一览表

道路区域	性质	路面规格	长度（km）
管理处新址—横坑路口	改建	四级水泥路面，路宽 6.5m	2.0
横坑路口—老伯公	改建	四级水泥路面，路宽 6.5m	2.5
横坑路口—飞桥口	改建	四级水泥路面，路宽 4.5m	1.7
管理处新址—大坝尾	改建	四级水泥路面，路宽 6.5m	0.3
大坝尾—蓝雚河口	改建	四级水泥路面，路宽 4.5m	0.8
蓝雚河合口—飞桥口	新建	四级水泥路面，路宽 4.5m	2.4

2. 停车场建设

①管理处新址新建一停车场，面积 2 000m²，采用植草砖地面。

②老伯公新建一阶梯停车场，面积 1 500m²，采用植草砖地面。

③大坝尾新建一停车场，面积 1 600m²，采用植草砖地面。

④蓝雚河合口处新建一停车场，面积 600m²，采用植草砖地面。

⑤飞桥口新建一停车场，面积 400m²，采用植草砖地面。

⑥上坪尾柑桔园新建一停车场，面积 1 000m²，采用植草砖地面。

（二）通信工程

在管理生活区设立邮政代办点，在大坝尾生态度假村、上岳木水上康乐谷、中岳木生态度假村、天堂顶等处设邮政收发室（兼），并配备国内外邮电通讯设备，在各景点设邮箱。

景区通讯以有线为主，管理生活区安装程控电话交换机一套，在南昆山天堂顶游客服务中心、上岳木水上康乐谷、中岳木生态度假村、天堂顶、老伯公及其它景点安装程控电话 1 000 门。在横坑大顶和上坪尾分别建移动通讯塔 1 座，以加强旅游区内移动通信强度。

根据《卫星电视广播地面接收设施管理规定》和《广播电视管理条例》申请使用卫星地面接收设

施，分别在上坪尾、上岳尾、中岳木各安装一套卫星地面接收设施，共需安装电视500台。

在生活管理区、南昆山天堂顶游客服务中心和中岳木生态度假村均安装互联网宽带并开通互联网。

（三）供电工程

管理处、保护站和旅游接待设施根据附近变压器情况，就近接入电网；变压器及配件15套，输电线路13.3km（含高压线8.4km）；6套手提发电机。

（四）给排水工程

管理处、保护点、哨卡和旅游接待设施均利用附近山溪水作为饮用水源，在管理处新址、大坝尾、上岳木、菜园窝、老伯公、新厂、苏茅坪、横坑、中岳木等9处，规划共建澄清池1 000m^{3}和蓄水池1 200m^3，需要铺设输水管5km。其中横坑、中岳木、上岳木、大坝尾等地的供水站今后同时也为南昆山的中坪、上坪、下坪等地社区居民和旅游设施供水。

规划在大坝尾、管理处新址、天堂寺、老伯公、上岳木、中岳木、新厂、苏茅坪等地各建污水处理点1个，需铺设排水管2.5km，污水经湿地生态处理达标后排入林地。

二、生物多样性保护工程

①加快管理处新址建设，新建3处保护点、3个哨卡、1个检查点，每个保护点建筑面积200m^2，哨卡与保护点合署办公，检查点设在保护点；

②完善管理处、保护点供水、供电、通讯等基础设施建设；

③新建和维修巡山线路共计15.2km，加强执法队伍、巡山队伍、设施建设；

④设置分界碑40个，各功能区区界标20个，解说性、宣传性、指示性标牌15个。

三、科研设施和监测工程

①科教楼及科研设备。

②科研监测系统工程。

四、宣传教育和培训工程

①建立生态培训课室、生态环境宣教室和展览室；

②教学实习基地。

五、防火工程

①天堂顶、正在顶二处山顶修建森林防火瞭望台并配备防火设施。

②营造21km生物防火林带。

③购置防火消防车、在道路两旁建设防火蓄水池。

④设置防火宣传牌。

六、生态旅游工程

①建设旅游线路2条，从上坪尾－老伯公－天堂顶的登山游道建设；从上坪尾－甘坑河－天堂顶科学考察及科学教育线路建设。

②景点建设，在老伯公建望天轩、在穗花杉建林下会客厅；在天堂顶建天堂阁、天街、风雨长廊，占地1.4hm^2。

③接待及娱乐设施建设，在大坝尾和上坪尾建青年旅馆、生态型森林联体别墅，占地10hm2。

④水上康乐谷建设，在上岳木果园建疗养接待设施，占地3hm^2。

⑤在中岳木建度假村，占3hm^2。

⑥在东江纵队江北支队司令部遗址建天堂寺和东江纵队江北支队展示中心，占地0.67hm^2。

详见第四章第48页第1行至第53页第24行。

七、多种经营工程

①果园：种植橘园10hm^2。

②茶园：种植20hm^{2}茶叶。

③苗圃：建5hm^{2}苗圃一处。

④竹笋林：100hm^2。

⑤其他园：65 hm^2。

详见第四章第53页第25行至第54页第20行。

八、野生动植物繁育工程

①建立珍稀濒危植物繁育基地，占地面积40hm^2；

②建立珍稀动物驯养繁殖场，占地面积10hm^2。

第六章 组织机构及人员编制

一、组织机构

南昆山省级自然保护区管理机构按机构编制管理部门的有关规定和批准设立南昆山省级自然保护区管理处，为副处级事业单位。管理处下设综合科、科研宣教科、保护管理科等 3 个职能科室，单设森林派出所。

二、人员编制

2002 年，广东省机构编制委员会办公室《关于龙门南昆山自然保护区机构编制的函》（粤机编办〔2002〕172 号）批准成立广东龙门南昆山省级自然保护区管理处，核定事业编制 12 名；2004 年，经惠州市编委批准，设立森林派出所，编制 7 名，见表 6-1。另可根据资金筹备情况，每 200hm^2 聘请 1 名巡护人员，巡护人员不占编制。

表 6-1 南昆山省级自然保护区人员编制表

名　称	人 数	备　注
管理处领导	2	主任 1 人，副主任 1 人
综合科	3	科长 1 人，科员 2 人
科研宣教科	2	科长 1 人、科员 1 人
保护管理科	5	科长 1 人、副科长 1 人、科员 3 人
森林派出所	7	所长 1 人、教导员 1 人，干警 5 人
合计	19	

注：森林派出所为 2004 年经惠州市编委批准设立的惠州市公安局森林分局南昆山派出所，编制 7 名，人员经费由市财政核拨，其工作人员不占南昆山省级自然保护区的编制。

三、内设机构及其职能

1. 管理处

贯彻执行国家有关自然保护区的法律、法规和方针、政策；制定自然保护区的各项管理制度，统一管理自然保护区；调查自然资源并建立档案，组织环境监测，保护自然保护区内的自然环境和自然资源；组织或者协助有关部门开展自然保护区的科学研究工作；进行自然保护的宣传教育；在不影响自然保护区的自然环境和自然资源的前提下，组织开展参观、旅游等活动。

2. 综合科

负责人事、党务、工资、财务，组织重要会议与活动，起草、审核综合性材料和对外发文，承办信访、督查、保密、档案、收发，协调日常工作。

3. 科研宣教科

负责编规划建设、科学研究、资源监测、科普宣传教育、对外交流与合作等工作。

4. 保护管理科

负责自然资源和自然环境保护和管理，指导、监督和检查保护管理点工作，管理生态旅游、多种经营等资源可持续利用项目，协调社区事务。

5. 森林派出所

负责治安巡逻、稽查、消防，查处和打击乱捕滥猎、乱砍滥伐等违法犯罪的行为。

四、管理体制

南昆山省级自然保护区由省、市、县共管，以惠州市、龙门县管理为主。根据惠市组干复[2006]9号文件规定南昆山省级自然保护区管理处人事关系划归惠州市林业局统一管理，党组织关系属地管理。管理处工作人员的工资福利、社会保障等可参照市直副处级事业单位标准执行。管理处主任由惠州市委讨论决定任免，副主任由惠州市委组织部讨论决定任免，管理处中层干部由惠州市林业局党组讨论决定任免。

五、经费渠道

根据《中华人民共和国自然保护区条例》以及经省政府批准的《关于广东省自然保护区管理体制和机构编制等问题的意见》（粤机编办[2001]387号）中有关规定，南昆山省级自然保护区发展规划应纳入各级人民政府国民经济和社会发展计划，管理自然保护区所需经费由县级以上人民政府安排；自然保护区建设经费通过财政拨款、保护区自筹和引资等多渠道解决。南昆山自然保护区管护机构的人员经费由广东省财政厅按照省机构编制部门核定的编制数核拨；聘请巡护人员所需经费（即巡护经费）从经营收入中安排，或在省财政拨给的行政性收费或部门经费中调剂解决。森林派出所人员经费按照惠州市有关规定执行。

第七章 组织实施计划

一、管理计划

1. 完善管理制度

建立和完善有关生态系统保护的制度、奖惩规定，健全保护管理规章制度和条例，明确责任，做到有法可依，有章可循；保护区的领导班子应集中精力，实行自然保护区领导干部管理目标责任制，认真行使管理保护区的职能。

2. 强化依法行政管理

强化法制宣传，严格执行国家和地方有关自然资源保护的政策、法律、法规条例，使保护区工作真正步入法制化、正规化道路；同时，行政主管部门要积极参与对保护区的管理，从而使保护区的各项规章制度、法规条例得到更好地落实。

3. 强调科学决策

坚持科技是第一生产力的指导思想，依靠先进的科学技术、科学观点来制定保护区的各项决策，积极引进先进技术，大力推广经实践证明行之有效的实用技术和科学成果，将科技纳入到保护区建设的各个环节中去，提高保护区建设和管理的科技含量。

二、实施计划

1. 统筹规划、分步实施

自然保护区的保护是一项长期工程，也是一项综合工程，需要通过科学的规划，根据总体规划要求并结合保护区实际情况，对保护区总体规划进行分步实施，从而达到自然保护区保护的目的。

2. 分区保护、合理开发

严格按照国家有关对保护区核心区、缓冲区和实验区科研的要求，对核心区要严格保护，在缓冲区可以开展经批准的对生态影响较小的科研活动，在实验区内合理开展生态旅游和多种经营项目，为保护区的管理和发展提供一定的资金支持。

3. 抓好优先项目，促进保护区保护

保护区实验区生态旅游资源丰富、质量高，特别是天堂顶登山旅游资源在珠江三角洲地区有一定的声誉，加强实验区生态旅游开发，将有利于保护区保护，为周边社区居民提供就业机会，提高当地居民的生活水平。

三、实施措施

1. 政策法规保障

（1）法律法规

保护区必须严格贯彻和执行《自然保护区条例》《森林法》《野生动物保护法》《环境保护法》《水资源保护法》等法律法规，大力加强对保护区群众的法制宣传教育，提高人民的自然保护意识，共同参与保护区的建设与管理。要根据保护区的实际情况制定具有法律效力的《南昆山省级自然保护区管理规定》，要加强保护区公安、保护站、检查站、护林队伍建设，提高执法水平。做到有法必依，执法必严，严厉查处破坏森林资源、盗砍乱猎的案件，排除一切隐患。

（2）制定特殊优惠政策

自然保护区建设是一项以生态、社会效益为主的公益事业，要实现南昆山省级自然保护区建设和发展的目标，必须给予优惠政策。

（3）引进资金政策

在各级政府和有关部门加大投入的基础上，要理顺投资渠道，出台相应的政策，改善投资环境，吸引各种投资，保证保护区各项工作正常有序地开展。对保护区的保护、科研工程建设投资要以各级财政拨款为主，确保保护区顺利建设和保护目标的实现。对保护区生态旅游与多种经营开发投资要实行“谁投资，谁开发，谁受益”的原则，广集资金，加快保护区的开发建设。要加强与外界交流合作，全方位推进引资工作。

（4）引进人才政策

保护区人才缺乏，严重制约了保护区的发展。保护区应在住房、待遇、职称晋升、子女就学就业等方面制定切实可行的优惠政策，创造较好的工作、生活条件，以吸引和引进野生动植物保护管理的高级人才，提高保护区管理水平和科研水平。

2. 资金保障

（1）资金使用规定

保护区要根据各项工程建设需要，编制好项目资金使用年度计划，报请省林业局审批后方可统筹使用，并要设立专项账户，专款专用，在资金使用中要严格按《林业基本建设财务管理办法》执行，充分发挥资金的使用效能。

（2）资金报账制度

要根据国家的有关财务管理的法律、法规，制定严格的财务管理制度，强化资金管理。保护区各项工程建设与开支，必须要经严格验收合格后，由主管财务的领导签字，方可报账付款。

（3）资金审批和监督

根据我国有关审计法律的规定，保护区各项建设与资金使用情况要接受上级审计和财政部门的审计监督，并将审计结果呈报广东省林业局和国家林业局备案。

3. 人才保障

（1）竞争上岗原则

保护区在人事制度上要建立择优上岗、人尽其才的聘用制度。对工作责任心强、业务水平高的人可实行低职（职务、职称）高聘。对工作不认真、业务水平低的人可实行高职低聘、待聘、下岗。对部分岗位可实行公开招聘，打破传统的用人终身制，鼓励竞争上岗，实行优胜劣汰，充分调动职工的积极性。

（2）岗位培训和持证上岗

保护区要根据区内每个岗位和职能的需要，制定相应的培训计划，对所有人员进行技术培训、管理培训、岗位培训，提高干部职工的综合素质，并实行一岗一证，持证上岗，对不能获得相应上岗证的人员，不能上岗。

（3）岗位激励和奖励机制

为鼓励职工爱岗敬业，充分发挥自己的聪明才智，服务于保护区建设和保护事业，保护区要建立奖励机制，明确责、权、利。通过定期考核，对严格履行自己岗位职责的职工，要从精神上和物质上给予奖励，在提职、晋升、住房等方面给予优惠政策。对在本岗位上作出重大贡献的要给予重奖。对不能胜任本职工作的职工要给予相应的处罚。

四、社区共管

社区共管是一种参与性管理、协作管理和伙伴管理，通过改变居民生产和生活水平的方式来换取居民对自然保护工作的合作，形成保护区扶持社区发展经济和公益事业，积极开展环境宣传教育，社区主动参与自然保护区资源管理的双向互利性社会关系，它是自然保护区实现有效管理的一条新途径。

1. 建立社区共管机制

社区共管委员会：由南昆山生态旅游区各社区干部、社区居民代表、护林员和自然保护区管理处等单位代表共同组成，是社区发展活动和自然保护区管理工作之间的纽带和桥梁。

社区共管小组：在社区共管委员会领导下成立以各居民小组主任为组长的社区共管小组，负责本居民小组社区发展与保护区管理协调关系。

2. 完善社区共管制度

保护区与当地社区共同研究制定出《南昆山省级自然保护区社区共管公约》，其宗旨是通过共管这种互助互利形式，充分提高村民环境保护意识，社区村民积极地自觉地参与到自然保护队伍中，共同保护和利用南昆山省级自然保护区的自然资源，谋求人与自然的和谐发展。

3. 加强共管示范村、示范户建设

与上坪居民小组开展共管示范村建设，同时选取10户进行创建共管示范户，以达到带动保护区共管社区建设的目的。

共管示范建设主要内容：制定《南昆山省级自然保护区社区共管示范村（户）发展行动计划》；帮助提高社区可持续利用能力，制定和完善村规民约；开展社区经营能力培训，对社区群众进行高科技农业种植、经济林栽培、旅游经营、旅游商品加工等技术培训，提高社区的经济发展能力；扶持社区发展高科技农业，发展生态旅游，增加社区群众的经济收入，缓解对保护区森林资源的压力。

五、鼓励和监督

1. 鼓励引入先进管理措施

①建立目标管理制度、质量管理制度和信息反馈制度，逐步实现管理科学化、信息系统化，提高管理水平，改善服务质量。

②建立有效的信息管理系统和监测系统。

③实行规范化管理，严格按规划立项、按项目管理、按设计施工、按标准验收。

④在生产管理中，推行以人为中心的管理方式，尊重职工和社区群众的意愿与选择，进行协商式的管理，最大限度发挥人的主观能动性。

⑤对经营性和服务性项目，要大力推行集体和个体承包制，鼓励在社会主义市场经济条件下的多种经济成分并存。

⑥健全环境影响评价制度，针对污染环境和破坏生态环境的项目，采取实质性环保处罚措施。

2. 加大监督力度

①加强保护区野生巡护工作，加强社区共管制度工作，接受社会监督

②健全岗位激励和奖励机制，实行岗位监督制度。

③制定保护区工程建设监理制度和环境监督管理制度等。

第八章 投资估算和事业费预算

一、工程基建投资估算

1. 估算范围

本投资估算范围包括规划期内基础设施工程、保护工程、科研监测工程、教育培训工程、生态旅游工程、多种经营工程基本建设费用、勘察设计费用、不可预见费等；对管理处新址正在建设投资部分（正在建设）、中岳木生态度假村旅游项目建设投资和观音潭至管理处新址公路投资未纳入。

2. 估算依据

①原林业部颁布的《自然保护区工程总体设计标准》(LYL126-88)；

②国家林业局《自然保护区工程项目建设标准》（2002 年）；

③国家林业局《自然保护区管护基础设施建设技术规范》(HJ/T 129-2003)；

④房屋预算主要根据《广东省建筑工程预算定额》和《惠州市建安工程材料预算价格调整办法》进行概算；

⑤供水、供电及通信工程造价主要依据龙门县邮政局、电信局、水电局、自来水公司提供的资料进行概算；

⑥绿化及交通建设主要根据龙门县林业局、交通局、建设局提供的资料及市场调查资料进行概算；

⑦生态旅游工程投资主要是依据广东省已建的生态旅游项目投资指标进行估算；

⑧国家林业局确定的天然林保护工程定额标准，其中天然林保护工程管护 10 000 元 /380 hm^2 年，病虫害防治费 1 元 /hm^2 年。

3. 投资估算

详见附表 10。

二、工程经费投资比例

1. 按工程项目分

通过估算规划期内工程基建投资总额为 11 550.25 万元，其中：基础设施工程 3 737.2 万元，占投资总额的 32.36%；保护工程 744.1 万元，占投资总额的 6.44%；科研监测工程 3 134.2 万元，占投资总额的 27.13%；教育培训工程 946 万元，占投资总额的 8.19%；生态旅游工程 1 790 万元，占投资总额的 15.50%；多种经营工程 255 万元，占投资总额的 2.21%；社区共管及其他工程费用 943.75 万元，占投资总额的 8.17%。

2. 按费用构成分

建筑工程 5 816 万元，占投资总额的 50.36%；设备及安装 2 225 万元，占投资总额的 19.26%；其他 3 509.34 万元，占投资总额的 30.38%。

3. 按投资期分

近期 7 255.27 万元，占投资总额的 62.81%；远期 4 294.98 万元，占投资总额的 37.19%。

三、编制内人员工资预算

在职在编人员工资按广东省事业单位支付的标准并结合惠州市实际情况，2008 年为人均工资 5.48 万元，2009 年为人均工资 6.40 万元，2010 年为人均工资 7.53 万元，年均工资增幅为 17% ～ 18%。

四、聘用人员工资预算

聘用人员工资预算由保护区根据资金的筹措及管理需要确定聘用人员数量及工资标准。2008 年为人均工资 2.0 万元，2009 年为人均工资 2.2 万元，2010 年为人均工资 2.5 万元，年均增幅为 10% ～ 14%。

五、管理运行经费预算

管理运行经费预算按广东省事业单位支付的标准并结合惠州市实际情况为年人均 3.1 万元。

六、经费增加幅度

根据当地社区经济发展水平、物价上涨幅度和其他社会经济环境，适当增加保护区经费幅度，以保证自然保护区得到可持续发展。如南昆山省级自然保护区 2008 年人均人员经费及事业费财政核拨预算为 66 400 元，2009 年增加至每人 67 000 元，2010 年增加至每人 68 500 元，年均增幅仅为 1% ～ 3%，远远低于惠州市地区工资福利、津贴补贴标准增幅的年均 17% ～ 18%，所以，自然保护区人员经费及事业费年均增幅应参照当地工资增幅标准适当增加。

七、投资估算和事业费预算说明

投资估算和事业费预算只作为各级财政安排资金和增加事业费的参考数，其中涉及财政投资的项目，应按程序报批后方可组织实施，基建项目应按规定办理立项审批手续；事业费预算应按照有关规定和标准安排。

第九章 综合分析评价

一、效益分析

1. 生态效益

总体规划的实施，将使保护区生态环境得到极大的改善。因生态效益是间接或无形的，其价值不能在市场上得到直接的体现，我们参考了广东省有关的研究资料，通过等效益的物质替换和货币置换法对南昆山省级自然保护区的生态效益进行计量评价。

（1）森林制氧和净化大气的功能

森林植物通过吸收 CO_2 和水，产生单糖，释放出氧气。科学研究表明：1hm^2 森林每天可以释放出氧气 0.75t，吸收 1tCO_2。南昆山省级自然保护区森林面积 1 882.9hm^2，每天可释放氧气 1 412.17t，可吸收 $CO_2$1 882.9t。按每人每天需氧 0.73kg 计算，保护区每天可为 193.4 万人供氧。若按工业用氧计算，每吨 500 元人民币，则保护区每天生产氧气价值 70.64 万元，每年为 25 769 万元。森林植物的根、茎、叶、花能放出植物精气，可以杀菌、吸收毒气、降尘、净化大气，为人类生存空间提供清洁、舒适的环境。

（2）涵养水源效益

自然保护区开展生态旅游以后，对森林的保护将起到更好的促进作用。森林及其地被物层、土壤层所具有涵养水源和调洪补枯的功能得到加强。据科学实验证明，每 1hm^2 森林每年可蓄水 300m^3，整个保护区每年蓄水 56.49 万 t，相当于一个中型水库。若建水库蓄水，则每拦蓄 1m^3 水的水库的堤坝修建成本费 0.6 元计算，南昆山省级自然保护区水源涵养效益每年为 33.89 万元。

（3）固土保肥效益

森林具有水土保持的作用，森林植被具有拦截降水，降低其对地表的冲蚀，减少地表径流。有关资料显示，同强度降水时，每公顷荒地土壤流失量 75.6t，而林地仅 0.05t，挖取 1t 泥沙的费用按 10 元计，则南昆山省级自然保护区固土效益为每年 141.4 万元。

流失的每吨土壤中含氮、磷、钾等营养元素相当于 20kg 化肥，参照广东省测定的单位面积森林的保肥效益为每年 1 272 元 /hm^2，南昆山省级自然保护区森林的保肥效益为每年 239.50 万元。

（4）保健功能

森林里空气新鲜，细菌少，尘埃少，噪声小，空气负离子浓度高，植物放出的各种精气有益于人体健康。

南昆山省级自然保护区内森林资源丰富，森林覆盖率高，沟谷密布，水资源丰富，为保护区提供了疗养保健的良好环境。利用医院病床价值指标计算法，对保护区的保健效益进行评价如下。

估算式 ：

$$F = \frac{H \times P \times f}{A}$$

式中 F—— 卫生保健效益经济评价指标（元 /hm²）；

H—— 每张病床每年的使用价值；

f—— 发病率（%）；

P—— 每年到保护区保健疗养的人次；

A—— 保护区森林面积。

假定每张床每天收费 20 元，1 年为 7 300 元，发病率为 0.2%；规划期平均每年游客人数为 29.5 万人次，保护区森林面积 1 882.9hm²，南昆山省级自然保护区每年森林的卫生保健效益为 430.7 万元。

2. 社会效益

（1）为开展科学研究和科普教育提供了良好的基地

南昆山省级自然保护区生物多样性丰富，植被典型，保护完好，是进行科学研究的良好场所，是进行科普宣传、科普教育的良好基地。

（2）提高保护区及周边地区的知名度

随着自然保护事业与生态旅游业的发展，专家、学者、新闻工作者和游客通过科考、探险、游憩、绘画、摄影、录像和宣传等活动，使南昆山省级自然保护及周边地区知名度得到迅速提高，高知名度带来的各种正面效益将不可估量。

（3）活跃当地经济，提供就业机会，提高当地人民生活水平

南昆山省级自然保护区发展生态旅游业，而旅游业是一个综合性的服务行业，需要满足旅游者的吃、住、行、游、购、娱、保健强身等多方面的要求，因而可以促进各行业的发展，活跃当地市场。同时由于当地居民参与经济活动，也能提高他们的收入，改善当地居民的生活质量。旅游业增收 1 元，可以带动 GDP 增长 4.7 元。根据推算，旅游业每增加一名直接就业人员，社会间接就业人员可增加 5 人。

（4）促进对外交流，扩大对外交往，加快信息的传播

随着保护区科学研究工作的不断深化和自然保护事业的发展，将进一步促进对外交往，扩大人员交流，加速信息传递。将有利于引进人才、技术和设备，尽快提高保护区工作人员的科学文化素质，提高管理和科研水平，促进地方经济的发展。

（5）促进保护区的环境保护

开发旅游活动可以使保护区经营管理者和群众认识到：环境是旅游活动赖以存在的基础，环境受到破坏，旅游业相应也会受到影响，因而自觉地保护环境是义不容辞的责任。此外，开发旅游项目所创造的经济收入还能为保护环境提供资金来源。

（6）是广东省建设林业生态省的重要组成部分

建设南昆山省级自然保护区是落实《广东省政府关于加快建设林业生态省的决定》，追求“绿色广东”“和谐广东”奋斗目标的重要组成部分。

3. 经济效益

保护区内的收入主要来源于生态旅游业和多种经营。经营期内可创造产值 198 296.6 万元，获利润 78 416.21 万元，年均利润 6 032.0 万元。其中旅游收入 197 846.60 万元，除去成本 108 864.08 万元，税金及附加 10 881.56 万元，创利润 78 100.96 万元。多种经营收入 450 万元，除去成本 110.00 万元、税金及附加 24.75 万元，创利润 315.25 万元。同时，可以为保护区内和周边地区的群众提供大量的就业机会，优化就业结构，有利于社会安定和群众生活水平的提高，促进保护区和周边社区的经济发展。

二、综合评价

南昆山省级自然保护区总体规划实施后，将为野生动植物的栖息、繁衍创造良好的生态环境；保

护区保护、管理、科研和可持续利用水平将得到极大提高，将成为中外专家学者开展科学研究、学术交流的窗口；主要保护对象是南亚热带常绿阔叶林森林生态系统和南昆山保护区内有特殊保护价值的国家、省、特有等重点保护野生动植物及其栖息地；是珠江三角洲大面积保存较好的森林和野生动植物生态类型自然保护区，将得到有力保护。同时，南昆山省级自然保护区是广州市周边森林生态系统类型自然保护区，生态旅游资源得天独厚，为人们提供回归自然、休闲度假、陶冶情操的乐园，成为广大群众特别是青少年学生进行热爱自然、热爱生物多样性教育的理想场所；加速周边区域生产力的发展，促使社区居民更加积极参与自然保护，促进保护区和周边社区的社会经济发展。

三、在中国自然保护区网络中的地位和作用

（一）保护区类型

南昆山省级自然保护区属中国自然保护区网络中“自然生态系统类别”中的“森林生态系统类型”的自然保护区。

（二）生境适应性

南昆山省级自然保护区的森林植被随着地质形成、地壳运动、冰期作用、气候变迁以及植物进化逐步产生、变化和发展起来的。在地质构造上属于华南活化地台，该区域自古以来，经历了多次与多种性质的地壳构造运动，加之几度海侵，在平原和盆地上又形成海相和海陆交替的沉积。随着地质、地貌的形成和气候的变迁，森林植被也在不断地变化中，形成了现在保护区内山峦起伏，群山重叠、山地陡峻，沟谷深切的复杂多样的生态环境，这种生态环境极有利于野生动植的生长和繁衍。

（三）植被特征

1. 植被植物组成具有南亚热带的特性

南昆山省级自然保护区地处我国亚热带南缘，属于我国广大亚热带植物区系的一部分，但是由于受到南岭地形的影响，这里的植物区系同中亚热带所属的泛北极植物区系又有很大的差异。其森林中植物的种类成分较为复杂，以亚热带成分占优势，热带亚热带成分次之；组成森林的优势种与中亚热带常绿阔叶林相似，特别是以壳斗科为最明显的上层乔木的优势种类，这与鼎湖山以樟科为上层乔木优势种的南亚热带常绿阔叶林比较有着显著差异。而森林中层的藤本植物较为普遍，亦有板根和茎花现象，但是不如鼎湖山季风常绿阔叶林中发达。因此南昆山具有特殊的植被群落组成，树种结构，森林植被的外貌等方面反映了该区植被群落的多样性、复杂性和特殊性。

2. 组成植被的植物种类丰富，植物群落类型多样

由于南昆山省级自然保护区地处南亚热带，地貌类型复杂，植物种类极为丰富多样，同时也形成了多样化的植物群落，本文采用根据最新资料总结发表的《广东自然植被分类纲要》一文中的分类系统，将南昆山省级自然保护区的植被划分为 5 个植被型组，5 个植被型，8 个植被亚型，23 个群系。体现了保护区植被类型的多样性。

3. 具有珍贵的南亚热带常绿阔叶林

由于南昆山省级自然保护区属南亚热带季风气候，西北部高的山地对寒潮的入侵起了屏障作用，而东南部低的谷底又有利于湿润的东南季风的进入，故气候温暖湿润，十分有利于植物生长，从而孕育了我国北回归带上一片珍贵的南亚热带常绿山地阔叶林，在因受到副热带高压控制而几乎全为荒漠的北回归带上堪称北回归带绿洲。南昆山南亚热带常绿阔叶林具有其独特的特征，组成森林植物的优势种类以壳斗科、樟科、金缕梅科、木兰科、山茶科为主，特别是壳斗科为明显的上层优势种为特点。南昆山南亚热带常绿阔叶林具有多层结构。其乔木层一般有 3 个亚层，第一亚层由米锥、南岭锥、狗牙锥、黄樟和红苞荷等阳性植物构成，高达 15 ～ 20m；第二亚层由樟科、金缕梅科和木兰科构成，高度在 9 ～ 14m；第三亚层主要由茜草科、紫金牛科和山龙眼科等耐阴树种构成，高度在 3 ～ 8m。灌木层一般高度在 0.5～2m，由山茶科、桃金娘科和大戟科等耐阴灌木和竹类组成。草本层高度为 50cm 以下，

以阴生的蕨类和莎草科等植物构成。此外森林中层外的藤本植物较为普遍，亦有板根和茎花现象。

4. 具有独特的长叶竹柏群落及红花荷群落

在保护区边缘的中坪尾，海拔 750m 的南面山坡，分布着竹柏纯林，西部两块海拔为 700m 和 1 000m 的地区分布着以红花荷为优势的群落，以及生长于横坑海拔 1 000m 左右北坡地区的福建柏林群落。这些群落结构极少见于其他地区，是十分珍贵的森林植物群落。在科研、景观及资源利用上均有较高的价值，是不可多得的物种基因库，应该重点给予保护。

（四）植物区系的特征

1. 具有丰富的植物多样性

南昆山省级自然保护区地势起伏较大，地形极为复杂，虽然面积不大，但与周围山地相互渗透，有利于植物散布和迁移，因而南昆山汇集了丰富的植物种类和复杂的区系成分。南昆山省级自然保护区共有维管束植物 1 522 种（包括变种、栽培种类），隶属于 194 科，703 属，其中蕨类植物 35 科 63 属 134 种，裸子植物 7 科 15 属 21 种，被子植物 152 科 625 属 1 367 种，其中野生植物 188 科，656 属，1 423 种，占广东省野生维管束植物 5 933 种的 23.98%。这说明南昆山省级自然保护区是广东省植物种类最密集，最为丰富的地区之一。其中绝大部分种类为邻近区域所共有。

2. 具有古老的区系起源

南昆山省级自然保护区植物区系的古老性，首先体现在含有大量古老科属和残遗植物上。其在地质构造上处于新丰江—花县北东—南西走向大断裂带的南缘，曾几次海侵，燕山运动才结束海侵，并出现花岗岩体入侵，经过几次抬升作用及流水侵蚀，形成了北、西、南 3 面高，东面低的马蹄形封闭式的中山地形，境内群峰叠嶂，超过千米的山逾 10 座，最高峰天堂顶海拔 1 210m。由于南昆山所处纬度较低，又靠近海洋，形成南亚热带海洋性季风气候，不仅气温较高，而且雨量丰富，多年平均降水量高达 2 163mm，为广东省多雨地区之一。这样优越的水热条件和多样的地貌形态，不仅对植物生长发育十分有利，而且也为古老植物提供良好的庇护所。蕨类植物中的现存的石松科、石杉科、卷柏科和木贼科的所有属均为孑遗属，如马尾杉属、石杉属、石松属、卷柏属、石松属、卷柏属、木贼属等，莲座蕨科的莲座蕨属也是较为原始的属。其他的紫萁科、瘤足蕨科、里白科也是较为原始的科。还有出现于侏罗纪时代的乌毛蕨属及黑桫椤属植物。裸子植物最早出现于泥盆纪，现存的裸子植物多起源于白垩纪，在第三纪分化和发展。目前南昆山分布的裸子植物大多是很古老，如罗汉松属及穗花杉属在白垩纪已经分化。被子植物一般认为出现于晚白垩纪至第三纪，到第三纪已经很繁盛，到第三纪已经发育成世界上占优势的植物，其中在南昆山有分布的较为原始的科有木兰科、金缕梅科、五味子科及伯乐树科，它们都是含少型属或单型属。综上所述，南昆山植物区系由第三纪以前的植物和后来繁衍的植物种类繁衍而成，存在有许多相当数量的残遗植物。

3. 具有典型的南亚热带植物区系特征

南昆山自然保护区地处我国亚热带南缘，属于我国广大亚热带植物区系的一部分，但是由于受到南岭地形和南亚热带季风气候的影响，这里的植物区系同中亚热带所属的泛北极植物区系又有很大的差异，反映出南亚热带植物区系的特点。从上述科的区系成分分析来看，保护区内植物以泛热带分布科最多，占 73 科，其次是温带分布型 18 科，亚洲热带分布的科有 13 个，东亚和北美间断分布 8 科。从科的分布型上看充分反映了其植物区系的南亚热带的特点。

从属的区系成分分析来看，该区以泛热带成分属分布最多，占 26.96%；其次为热带亚洲分布，占 14.98%；而属于亚热带性质的北温带分布、东亚和北美洲间断分布、旧世界温带分布、温带亚洲分布和东亚分布成分共占有区系成分的 21.12%。可以看出热带成分仍能占有一定优势，温带成分的在区系中亦占有一定的地位，更加明显地体现了区系的南亚热带性质。

4. 具有大量的珍稀濒危及保护植物

该区地形复杂，环境多样，地质古老，区系具有过渡特性，因此区内拥有许多珍稀濒危野生植物。根据国务院 1999 年 8 月 4 日批准的《国家重点保护野生植物名录（第一批）》，保护区保存有国家重点保护野生植物 15 种，其中 I 级 1 种，即伯乐树；II 级 14 种，即金毛狗、刺桫椤、大黑桫椤、黑桫椤、福建柏、樟树、闽楠、土沉香、格木、花榈木、华南锥、红椿、绣球茜草和苦梓。另有多花脆兰、金线兰、竹叶兰、广东石豆兰、长距虾脊兰、乐昌虾脊兰、车前虾脊兰、流苏贝母兰、建兰、墨兰、半柱花兰、美冠兰、多叶斑叶兰、高斑叶兰、距花玉凤花、鹅毛玉凤兰、橙黄玉凤兰、石虾公、镰翅羊耳蒜、扇唇羊耳蒜、见血青、折脉羊耳蒜、香港兜兰、白蝶兰、触须阔蕊兰、黄花鹤顶兰、鹤顶兰、小花鹤顶兰、石仙桃、小舌唇兰、绶草、带唇兰、香港带唇兰等国际禁止贸易的野生兰科植物 33 种。这些珍稀濒危保护植物虽然占整个区系的比例不大，但对于保存物种，深入研究该地区植物区系的起源、演化等却有着不容忽视的科学意义。南昆山保护区为保护这些珍稀濒危植物，使它们免遭灭绝，提供了良好的天然避难所和科学研究基地。

（五）动物分布特征

南昆山省级自然保护区现已记录 269 种陆生脊椎动物，隶属 4 纲 29 目 76 科，其中两栖纲 26 种，爬行纲 54 种，鸟纲 139 种，哺乳纲 50 种。其中东洋界种类有 208 种，古北界种类 23 种，广布种 38 种。另记录水生脊椎动物鱼类 27 种，隶属 5 目 11 科。在动物地理区划上属东洋界华南区闽广沿海亚区，地处东洋界华中区与华南区交界的过渡地带，故两个区系的物种都向此区间渗透，从而形成了以华中区与华南区共有种为主的区系特征。整个动物区系组成表现出以东洋界种类，特别是以华中区与华南区共有种类为主、南北混杂的特点。

南昆山省级自然保护区现已记录 32 种国家重点保护动物，占该保护区 269 种陆生脊椎动物的 11.90%。其中国家Ⅰ级重点保护动物 3 种：蟒蛇、云豹、林麝；国家Ⅱ级重点保护动物 29 种。云豹和林麝属于我国 6 大重点建设工程中的“野生动植物保护和自然保护区建设工程”确定的 15 类重点保护物种中的物种。另有 191 种陆生脊椎动物属于“国家保护的有益的或者有重要经济、科学研究价值的陆生脊椎动物”。有 29 种陆生脊椎动物被列入《濒危野生动植物种国际贸易公约》。有 19 种陆生脊椎动物属中国特有种。

四、国际合作与交流

资源调查、科学研究、人员培训等方面积极开展对外合作与交流，提高南昆山省级自然保护区保护与科研水平。

①加强与国际组织、国外合作，争取资金支持，如世界自然基金会（WWF）、全球环境基金（GEF）等；

②争取与国外典型保护区建立合作关系，共同切磋，取长补短；

③建成将中外专家学者开展科学研究、学术交流的窗口；

④积极争取南昆山省级自然保护区成为国际合作项目的科学研究基地；

⑤积极参与国际学术交流会议，以提高保护区在国际上的关注度；

⑥积极撰写南昆山省级自然保护区研究性学术论文，并在国际上有影响的刊物上发表，以扩大保护区在学术界的影响；

⑦积极与国外高等院校和科研机构合作。

附录

一、附表

附表 1　广东龙门南昆山省级自然保护区基础设施现状统计表

现有建筑用房 / m²		干线公路 /km		现有通讯		主要管护设备	
合 计		林道		通讯线路 /km		森林防火设备	不完备
办公用房	1 200	巡山道	14.1（宽 4m）	电话 / 台	2	气象监测设备	
宿 舍	200	汽车 / 辆	22（宽 1.2m）	对讲机 / 台	76	水文监测设备	
保护科研	410	摩托车 / 辆	管理车 2 辆	其 他	4	生态监测设备	
附 属		其 他				病虫害防治设备	
其 他						办公设备	1 套

注：主要管护设备应尽量标注设备名称、数量；汽车应注明办公用车、管护用车、生活用车。

附表 2　广东龙门南昆山省级自然保护区管理处人员现状统计表

人员构成	在编学历结构						在编职称结构					职工数			
	小计	硕士以上	本科	专科	中专或高中	初中及以下	小计	高级	中级	助工	技术员	小计	正式职工	临时工	退休人员
合计	18		10	6	2		6			5	1	40	18	22	1
管理人员	7		4	2	1		3			2	1	7	7		
科研人员															
工勤人员	5		4		1		3			3		5	5		
派出所干警	6		2	4								6	6		
聘用临时人员（巡护、后勤人员）												22		22	
执法人员															

附表 3　广东龙门南昆山省级自然保护区土地资源及利用现状表

单位：hm^2

面积	林业用地						非林地	森林覆盖率 %
	林业用地面积	有林地			疏林地	灌木林地		
		小计	乔木林	竹林				
1 887	1 882.9	1 795.2	1 724.7	70.5	18.4	69.3	4.1	98.80

附表 4　广东龙门南昆山省级自然保护区项目建设用地规划表

单位：hm^2

编号	项目名称	用地选址	占地面积	备注
一	旅游服务接待及娱乐设施		21．2	
1	天堂阁、风雨长廊、天街	天堂顶一带	1.4	
2	林下会客厅	山橙	1.0	
3	观光缆车	老伯公	0.73	
4	天堂寺和东江纵队江北支队展示中心	菜园窝	0.67	
5	上岳木水上康乐谷	上岳木	3	
6	中岳木生态度假村	中岳木	3	
7	南昆山天堂顶游客服务中心	大坝尾、上坪尾	10	
8	南昆山中恒生态旅游开发有限公司（十字水生态度假村）	苏茅坪	1.40	2003 年征用
二	保护和科研设施		2.021	
1	3 个保护点管理用房	苏茅坪、新厂、上坪尾	1.33	
2	气象观测点	上坪尾	0.005	基地用房
3	科研观测点 3 个	天堂顶、老伯公、菜园窝	0.006	基地用房
4	科教楼	上坪尾	0.2	
5	生态培训课室	上坪尾	0.25	培训大楼及管理用房
6	教学实习基地		0.14	基地用房
7	生态环境宣教室		0.04	基地用房
8	展览室		0.05	基地用房
	合　　计	——	23.221	——

注：项目建设用地规划与《龙门县土地利用总体规划（2010—2020）》已相衔接。

附表 5　广东龙门南昆山省级自然保护区野生动植物资源统计表

内容		单位	数量	备注
野生动物（陆生脊椎动物 4 纲 29 目 76 科 269 种；鱼类 5 目 11 科 27 种；昆虫类 575 种）	鸟纲	种	139	
	爬行纲	种	54	
	两栖纲	种	26	
	哺乳纲	种	50	
	鱼纲	种	27	
	昆虫纲	种	575	
	国家重点保护动物	种	32	Ⅰ级 3 种、Ⅱ级 29 种
	地方重点保护动物	种		
	专项保护工程物种	种		
野生植物（维管束植物 194 科 703 属 1 522 种；真菌类 223 种）	藻类植物	种		
	菌类植物	种	223	
	地衣类植物	种		
	苔藓植物	种		
	蕨类植物	种	134	
	裸子植物	种	21	
	被子植物	种	1 367	
	国家重点保护植物	种	15	Ⅰ级 1 种、Ⅱ级 14 种

（续表）

内容		单位	数量	备注
	地方重点保护植物	种		
	专项保护工程物种	种		

附表 6　广东龙门南昆山省级自然保护区功能区划表

功能区	面积 /hm^2	比例 %	辖区范围
核心区	798.77	42.33	核心区Ⅰ分布在鸡心石河及其上游支流区域，面积为 449.49hm^2；核心区Ⅱ分布在横江其、蓝釜河流域的常绿阔叶林，面积 349.29 hm^2。
缓冲区	628.31	33.30	位于核心区和实验区之间，缓冲区Ⅰ分布在田山口、猴子山附近等地区，面积为 302.08hm^2；缓冲区Ⅱ分布在石灰写字顶、正在顶、上盐脑　顶等地区，面积为 326.23hm^2。
实验区	459.92	24.37	主要包括天堂顶、鹿角窝、菜园窝、上坪尾等地区。
合计	1 887	100	

附表 7　广东龙门南昆山省级自然保护区主要建设项目规划表

类别	建设项目	单 位	数 量	规　模
基础设施建设工程	1 道路	km	9.7	干道 9.7km（含防火通道 2.4km），停车场 7 100m^2
	2 供电	个	1	变压器及配件 15 套，输电线路 13.3km（含高压线 8.4km），手提发电机 6 套，变电房 5 处 300m^2
	3 通讯			移动通讯塔 2 座，程控交换机 1 套，程控电话 750 门，广播电视宽带及邮政设施
	4 给排水			澄清池 1 000m^3、蓄水池 1 200m^3、输水管 5km，污水处理点 8 处，排水管 2.5km
	5 卫生设施			生态厕所 6 座，垃圾箱 128 个，垃圾站 3 个 24m^2，垃圾小推车 8 辆，垃圾运输车 1 辆。
	6 保护区大门	座	1	
	7 保护区管理处	个	1	办公楼、实验楼、标本楼、招待所、食堂（水上餐厅）等 5 000 m^2（于 2008 年已建成并投入使用）
保护工程	1 巡护步道	km	5.4	
	2 保护点	个	3	苏茅坪、上坪尾、新厂 3 处，管理用房 600m^2，占地 1.33hm^2。
	3 哨卡	个	3	苏茅坪、上坪尾、新厂 3 处设哨卡

（续表）

类别	建设项目	单 位	数量	规 模
	4 检查点	个	1	位于上坪尾
	5 界碑、界桩、标牌	个		界碑 40 个、界桩 426 个、标牌 15 个
	6 森林防火			生物防火林带 21km、瞭望台 2 座、车、对讲机等，防火通道 2.4km。
	7 病虫害防治			车、喷雾器等设备
科研监测工程	1 气象观测点	个	1	基地用房 50m^2，设备 1 套
	2 珍稀濒危植物繁育基地	hm^2	40	
	3 珍稀动物驯养繁殖场	hm^2	10	包括珍稀类动物驯养繁殖试验区、经济类动物驯养繁殖试验区、野生动物救护站、半野生状态的饲养区、观赏展出区和配套管理用房等
	4 科研观测点	个	3	基地用房 60m^2
	5 水文检测点	个	1	
	6 病虫害监测			设备 2 套
	7 植物监测设备			设备 2 套
	8 动物监测设备			设备 1 套
	9 科教楼	座	1	位于保护区管理处，面积 2 000m^2
教育培训工程	1 宣教设施			设备 1 套
	2 生态培训课室	个	1	培训大楼及管理用房 2 500m^2、设备 1 套
	3 教学实习基地	个	2	基地用房 1 400m^2、设备 1 套
	4 生态环境宣教室			基地用房 400m^2、设备 1 套
	5 展览室			基地用房 500m^2、设备 1 套
社区共管	1 信息栏	块	6	
	2 宣传牌	块	19	
生态旅游工程	1 游道	km	17.1	天堂顶登山游道 6.3km，蓝夆河科考径 4.2km，横江其教育径 5.6km，康健步道 1km
	2 配套设施			生态厕所 6 座；休息亭 7 座；金沙亭（治安亭）1 座；设置石凳、木椅 50 张
	3 景点			望天轩 1 座、林下会客厅 1hm^2，天堂阁 280m^2、风雨长廊 360m^2
	4 旅游标识系统			1 套
	5 旅游服务接待及娱乐设施	hm^2	18.8	南昆山天堂顶游客服务中心 10hm^2、上岳木水上康乐谷 3hm^2、中岳木生态度假村 3hm^2、上坪尾垂钓园、负离子呼吸区、森林浴场、运动和平衡神经锻炼场、观光缆车 0.73hm^2、天堂寺和东江纵队江北支队展示中心 0.67hm^2、原十字水度假村旅游用地 1.40hm^2。
多种经营工程	1 种植业	hm^2	200	橘园 10hm^2、茶叶 20hm^2、苗圃 5hm^2、竹笋林 100hm^2 、其他园 65hm^2

附表 8　广东龙门南昆山省级自然保护区主要建设项目规划表

单位：万元

项目名称	总投资	费用构成			建设期	
		建筑安装	设备	其他	近期	后期
合　计	11 550.25	5 816.00	2 225.00	3 509.00	7 255.27	4 294.98
基础设施工程	3 737.2	2 069	1 658.2	10	2 038.2	1 699
保护工程	744.1	227	6.6	510.5	485.1	259
科研监测工程	3 134.2	1 520	514.2	1 100	1 534.2	1 600
教育培训工程	946	720	46	180	846	100
社区共管工程	2.5			2.5	2.5	
生态旅游工程	1 790	1 270		520	1 490	300
多种经营工程	255	10		245	245	10
其他工程（设计费、管理费、施工监理费等）	391.24			391.24	264.26	126.98
不可预见费	550.1			550.1	350.01	200

附表 9　广东龙门南昆山省级自然保护区购置主要设备一览表

单位：万元

项目单位	设　备　名　称
管理处	电脑、打印机、办公家具、电话、照相机、落地式空调、扫描仪、复印机、办公用车、摩托车、办公桌椅、档案柜、网络设备等
保护点	办公桌椅、放大镜、望远镜、对讲机、摩托车等
检查点	办公桌椅、档案柜、放大镜、电话、实物显微镜、交通工具、检查工具等
防火	望远镜和海拔仪各 3 台（含保护站各 1 台），防火车 1 辆，风力灭火机、轻便油锯、2 号扑火工具、灭火弹等扑火器具 50 套
瞭望塔	高倍望远镜、火险探测仪、火源探测仪、监测视频系统等设备共 2 套
防治检疫点	喷药机、喷雾器、检验箱、显微镜、分离器、检疫刀、检疫钩等
动物救护点	电话、外科器械、产科器械、孵化器、治疗仪、诊断仪、心电图仪等
珍稀植物保护	无菌操作台、电冰箱、培养架、培养瓶、遮阳网、温室大棚、实物显微镜、自动喷灌工具、农用机具、标本制作工具等
科研	1 调查仪器：海拔仪、罗盘仪、测距仪、水准仪、全站仪、求积仪、调查工具、野外生活工具等 1 套等
	2 实验设备：配备化学分析仪器、显微镜、解剖镜、分析天平、电子秤、冰箱、烘干箱、冷藏柜、恒温箱、离心机、夹层锅、澄清罐、灭菌器、分光光度仪、野 PH 计、酸度计、液相色谱仪、化验设备、标本架、消毒柜等 1 套
	3 科研辅助设备：计算机、服务器、电话、打印机、扫描仪、GPS、数字化仪、绘图仪、资料架、网络设备、数码照相机、投影仪、放像机、摄像机、档案柜等 1 套
	4 鸟类环志设备：粘网、网杆、活动帐篷、鸟笼、麻醉枪、野处测量用具等设备 1 套
监测	水文观测仪器、自动气象观测仪、自动观测记录器、生态定位观测仪器、双筒望远镜、高倍望远镜、摄影像、土壤中子分析、植物生理光合仪等
宣传与教育	电脑、局域网络设备、投影仪、照相机、幻灯机、放相机、音响设备等
实习教学	调查工具、野外生活工具等野外实习设备
	电教室、电视机、电脑、照相机、放大镜、望远镜等

附表 10　广东龙门南昆山省级自然保护区建设投资估算与安排明细表

单位：万元

序号	项 目	单位	数量	内容与要求	单价	投资额	按费用构成			建设期	
							建筑工程	设备及安装	其他	近期	远期
1	基础设施工程					3 737.2	2 069	1 658.2	10	2 038.2	1 699
1.1	道路					1 194	1 194	0	0	442	752
1.1.1	干道（防火通道）	km	2.3	宽 6.5m	200	460	460			160	300
1.1.2	干道（防火通道）	km	7.4	宽 4.5m	80	592	592			210	382
1.1.3	停车场	m2	7 100		0.02	142	142			72	70
1.2	供电					1 132	30	1 102	0	337	795
1.2.1	变压器及附件	套	15		15	225		225		150	75
1.2.2	输电线	km	4.9		40	196		196		160	36
1.2.3	高压线	km	8.4		80	672		672			672
1.2.4	手提发电机	套	6		1.5	9		9		9	
1.2.5	变电房	处	5	每处 60 m3	6	30	30			18	12
1.3	通讯					225	0	215	10	208	17
1.3.1	程控交换机	套	1		30	30		30		30	
1.3.2	程控电话	门	750		0.06	45		45		28	17
1.3.3	移动通讯塔	座	2		20	40		40		40	
1.3.4	广播电视宽带					100		100		100	
1.3.5	邮政设施					10			10	10	
1.4	给排水					295	120	175	0	172	123
1.4.1	澄清池	m3	1 000	9 处		75	75			35	40
1.4.2	蓄水池	m3	1 200	9 处		45	45			22	23
1.4.3	泵房			含输水管道		30		30		30	

（续表）

序号	项 目	单位	数量	内容与要求	单价	投资额	按费用构成			建设期	
							建筑工程	设备及安装	其他	近期	远期
1.4.4	污水处理设施			含排水管		145		145		85	60
1.5	卫生设施					61.2	45	16.2	0	49.2	12
1.5.1	厕所	座	6		6	36	36			24	12
1.5.2	垃圾箱	个	128		0.03	3.84		3.84		3.84	
1.5.3	垃圾站	个	3		3	9	9			9	
1.5.4	垃圾小推车	辆	6		0.06	0.36		0.36		0.36	
1.5.5	垃圾运输车	辆	1		12	12		12		12	
1.6	保护区门楼				80	80	80			80	
1.7	保护区管理处	m^2	5 000	含办公楼、实验楼、标本楼、招待所、食堂（水上餐厅）等（于2008年建成并投入使用）	0.15	750	600	150		750	0
2	保护工程					744.1	227	6.6	510.5	485.1	259
2.1	巡护步道	km	5.4		5	27	27			27	
2.2	保护点	m^2	600		0.2	120	120			120	
2.3	哨卡	处	3		1	3		3		3	
2.4	瞭望台	座	2		25	50	50			50	
2.5	界碑	个	40		0.06	2.4		2.4		2.4	
2.6	标牌	个	15		0.08	1.2		1.2		1.2	
2.7	天然林保护费	年	15		10.5	157.5			157.5	52.5	105
2.8	病虫害防治费	年	15		0.4	6			6	2	4
2.9	生物防火林带	km	21		2	42			42	42	
2.10	树木保护设施					10			10	10	
2.11	生态公益林建设	年	15		15	225			225	75	150

（续表）

序号	项 目	单位	数量	内容与要求	单价	投资额	按费用构成			建设期	
							建筑工程	设备及安装	其他	近期	远期
2.12	病虫害防治点	m^2	200		0.15	30	30			30	
2.13	病虫害防治设施			车、喷雾器等		30			30	30	
2.14	森林防火设施等			车、对讲机等		40			40	40	
3	科研监测工程					3 134.2	1 520	514.2	1 100	1 534.2	1 600
3.1	气象观测点	个	1		8	8	8			8	
3.2	气象监测设备	套	1		10	10		10		10	
3.3	珍稀濒危植物繁育基地	hm^2	40	含管理用房		1 000	600		400	500	500
3.4	珍稀动物驯养繁殖场	hm^2	10	含野生动物救护点等		1 000	600		400	200	800
3.5	科教楼	m^2	2 000		0.15	300	300			300	
3.6	科研观测点	处	3	含设备	6	18	9	9		18	
3.7	水文检测点	处	1	含设备	6	6	3	3		6	
3.8	林火监测设备	套	8		12	96		96		96	
3.9	病虫害监测设备	套	2		80	160		160		80	80
3.10	植物监测设备					20		20		20	
3.11	动物监测设备					40		40		40	
3.12	信息管理系统					10		10		10	
3.13	监视器	套	30		0.9	27		27		27	
3.14	标本制作设备	套	1		0.8	0.8		0.8		0.8	
3.15	显微镜	台	2		0.2	0.4		0.4		0.4	
3.16	解剖显微镜	台	2		0.3	0.6		0.6		0.6	
3.17	分析天平	台	2		0.5	1		1		1	
3.18	恒温箱	台	2		0.3	0.6		0.6		0.6	

（续表）

序号	项 目	单位	数量	内容与要求	单价	投资额	按费用构成			建设期	
							建筑工程	设备及安装	其他	近期	远期
3.19	干燥箱	台	2		0.3	0.6		0.6		0.6	
3.20	离心机	台	1		0.2	0.2		0.2		0.2	
3.21	输电设备	套	1		2	2		2		2	
3.22	稳压电源	台	8			0.6		0.6		0.6	
3.23	冰箱和冷藏柜	台	10		0.3	3		3		3	
3.24	孵化设备	套	3		15	45		45		45	
3.25	消毒设备	台	4		0.05	0.2		0.2		0.2	
3.26	电脑	台	25		0.8	20		20		20	
3.27	打印机	部	25		0.3	7.5		7.5		7.5	
3.28	数字化仪	台	1		0.5	0.5		0.5		0.5	
3.29	绘图仪	台	1		0.7	0.7		0.7		0.7	
3.30	GPS	个	6		0.5	3		3		3	
3.31	GIS 软件	套	1		3	3		3		3	
3.32	科研车辆	辆	1		20	20		20		20	
3.33	录放像器材	套	1		14	14		14		14	
3.34	照相器材	套	8		1	8		8		8	
3.35	电力空调	台	25		0.3	7.5		7.5		7.5	
3.36	科研课题经费					300			300	80	220
4	教育培训工程					946	720	46	180	846	100
4.1	音响设备	套	1		2	2		2		2	
4.2	广播设备	套	1		3	3		3		3	
4.3	照明器材	套	2		0.5	1		1		1	
4.4	有线电视设备	套	1		2	2		2		2	
4.5	电脑	台	10		0.8	8		8		8	

（续表）

序号	项 目	单位	数量	内容与要求	单价	投资额	按费用构成			建设期	
							建筑工程	设备及安装	其他	近期	远期
4.6	宣传车	辆	1		15	15		15		15	
4.7	录放相设备	套	1		15	15		15		15	
4.8	展示标本费					30			30	30	
4.9	教学实习基地	m^2	1 400		0.15	210	210			210	
4.10	生态培训课室	m^2	2 500		0.15	375	375			375	
4.11	生态环境宣教室	m^2	400		0.15	60	60			60	
4.12	展览室	m^2	500		0.15	75	75			75	
4.13	职工培训费	年	15		10	150			150	50	100
5	社区共管工程					2.5			2.5	2.5	
5.1	信息栏	块	6		0.1	0.6			0.6	0.6	
5.2	宣传牌	块	19		0.1	1.9			1.9	1.9	
6	生态旅游工程					1 790	1 270	0	520	1 490	300
6.1	游道					568	568			568	
6.1.1	下山游道	km	2.5		50	125	125			125	
6.1.2	天堂顶登山道					40		40		40	
（生态教育径）	km	2.4		50	120	120			120		
6.1.3	蓝雚河科考径	km	4.2		30	126	126			126	
6.1.4	横江其观鸟教育径	km	5.6		20	112	112			112	
6.1.5	林下会客厅游道	km	1.4		50	70	70			70	
6.1.6	康健步道	km	1			15	15			15	
6.2	亭、阁、廊					312	312			312	
6.2.1	金沙亭	m2	20		0.2	4	4			4	
6.2.2	休息亭	座	7		8	56	56			56	
6.2.3	望天亭	座	1		10	10	10			10	

（续表）

序号	项　目	单位	数量	内容与要求	单价	投资额	按费用构成			建设期	
							建筑工程	设备及安装	其他	近期	远期
杜鹃亭	座	1		10	10	10			10		
天堂阁	m^2	280		0.3	84	84			84		
风雨长廊	m^2	360	长 120m	0.3	108	108			108		
望天轩	m^2	160		0.25	40	40			40		
旅游标识系统					20			20	20		
职工宿舍	m^2	2 000		0.15	300	300			300		
职工餐厅	m^2	600		0.15	90	90			90		
环境绿化	m^2				500			500	200	300	
多种经营工程					255	10		245	245	10	
竹笋林	hm^2	100		1.5	150			150	150		
茶园	hm^2	20		3	60			60	60		
苗圃	hm^2	5		7	35			35	35		
果园					10	10				10	
其它工程费用					391.24			391.24	264.26	126.98	
建设单位管理费		直接费用的 1.5%	159.14			159.14	99.62	59.52		14	
勘察设计费		直接费用的 1.7%	180.35			180.35	112.90	67.46		8	
培训费					50.00			50.00	50.00		
办公生活设施费			500 元 / 人	35	1.75			1.75	1.75		220
不可预见费		以上费用总和的 5%	550.01			550.01	367.19	200	180	846	100
合　　计					11 550.25	5 816.00	2 225.00	3 509.25	7 272.45	4 294.98	

注：生态旅游项目中提到的南昆山天堂顶游客服务中心、上岳木水上康乐谷、中岳木生态度假村、观光缆车、东江纵队江北支队展示中心、天堂寺等项目的投资不计入总体规划的投资，列入保护区生态旅游总体规划的投资中。

二、名录

表 1 广东省龙门南昆山省级自然保护区
国家重点保护野生植物名录

序号	种名	学名	保护级别（1987 年）			保护级别（1999 年）	
			一级	二级	三级	I	II
1	金毛狗	*Cibotium barometz*					▲
2	刺桫椤	*Alsophila spinulosa*	▲				▲
3	大黑桫椤	*Gymnosphaera gigantean*					▲
4	黑桫椤	*Gymnosphaera podophylla*					▲
5	福建柏	*Fokienia hodginsii*		▲			▲
6	长叶竹柏	*Nageia fleuryi*			▲		
7	穗花杉	*Amentotaxus argotaenia*			▲		
8	观光木	*Tsoongiodendron odorum*		▲			
9	樟树	*Cinnamomum camphora*					▲
10	闽楠	*Phoebe bournei*			▲		▲
11	土沉香	*Aquilaria sinensis*			▲		▲
12	粘木	*Ixonanthes chinensis*			▲		
13	格木	*Erythrophleum fordii*		▲			▲
14	花榈木	*Ormosia henryi*					▲
15	华南锥	*Catanopsis concinna*			▲		▲
16	吊皮锥	*Castanopsis kawakamii*			▲		
17	白桂木	*Artocarpus hypargyreus*			▲		
18	红椿	*Toona ciliata*			▲		▲
19	伯乐树	*Bretschneidera sinensis*		▲		▲	
20	银钟花	*Halesia macgregorii*			▲		
21	绣球茜草	*Dunnia sinensis*		▲			▲
22	苦梓	*Gmelina hainanensis*			▲		▲
23		合计 54 种（含其他兰科植物 33 种）	1	5	11	1	14

表 2 广东省龙门南昆山省级自然保护区
国家重点保护野生动物名录

序号	中　名	学　　名	保护级别	
			Ⅰ级	Ⅱ级
		爬行纲 Reptila		
1	蟒蛇	*Python molurus*	Ⅰ	
2	三线闭壳龟	*Cuora trifasciata*		Ⅱ
		哺乳纲　Mammalia		
3	云豹	*Neofiles nebulosa nebulosa*	Ⅰ	Ⅱ
4	林麝	*Moschus berezorskii*	Ⅰ	Ⅱ
5	水獭	*Lutra lutra*		Ⅱ
6	穿山甲	*Manis pentadactyla aurita*		Ⅱ
7	小灵猫	*Viverricula indica pallida*		Ⅱ
8	大灵猫	*Viverra zibetha ashtoni*		Ⅱ
9	青鼬	*Martes flavigula*		Ⅱ
10	猕猴	*Macaca mulatta*		Ⅱ
11	金猫	*Pelis temmincki*		Ⅱ
12	鬣羚	*Capricornis sumatraensis*		Ⅱ
13	水鹿	*Cervus unicolor*		Ⅱ
14	豺	*Cuon alpinus*		Ⅱ
		两栖纲 Amphibia		
15	虎纹蛙	*Hoplolatrachus ruglosa*		Ⅱ
		鸟纲 Avrs		
16	蛇雕	*Spilornis cheela richetti*		Ⅱ
17	黑冠鹃隼	*Aviceda leuphotes*		Ⅱ
18	雀鹰	*Accipiter niscus*		Ⅱ
19	松雀鹰	*Accipiter vigatus affinis*		Ⅱ
20	赤腹鹰	*Accipiter soloensis*		Ⅱ
21	普通鵟	*Buteo buteo*		Ⅱ
22	游隼	*Falco peregrinus*		Ⅱ
23	红隼	*Falco tinnunculus*		Ⅱ
24	草鸮	*Tyto capensis*		Ⅱ
25	斑头鸺鹠	*Glaucidium cuculoides whiteleyi*		Ⅱ
26	领角鸮	*Otus bakkamoena erythrocampe*		Ⅱ
27	雕鸮	*Bubo bubo kiautschensis*		Ⅱ
28	短耳鸮	*Asio flammeus flammeus*		Ⅱ
29	白鹇	*Lophura nycthemera fokiensis*		Ⅱ
30	褐翅鸦鹃	*Centropus sinensis sinensis*		Ⅱ
31	小鸦鹃	*Centropus toulou bengalensis*		Ⅱ
32	海南虎斑鳽	*Gorsachius magnificus*		Ⅱ

注：本名录依据《国家重点保护野生动物名录》(1988 年 12 月 10 日国务院批准　1989 年 1 月 14 日中华人民共和国林业部、农业部第 1 号令发布)、《濒危野生动植物种国际贸易公约》附录Ⅰ Ⅱ和《国家重点保护野生动物名录》(2003)(国务院批准，国家林业局于 2003 年 2 月 21 日发布第 7 号令。

三、附图

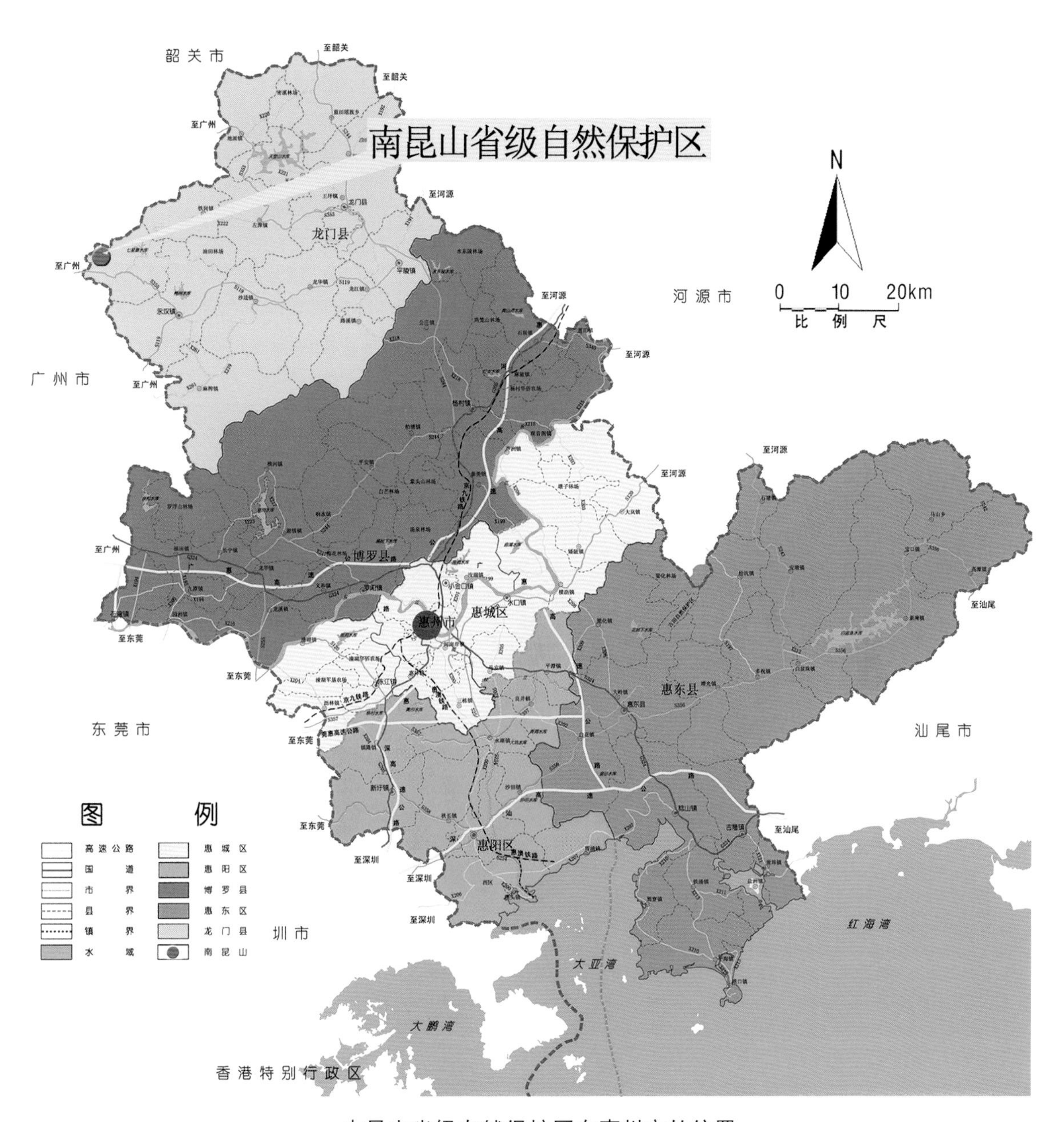

a. 南昆山省级自然保护区在惠州市的位置

附图 1　南昆山省级自然保护区总体规划区位图（2011-2020）

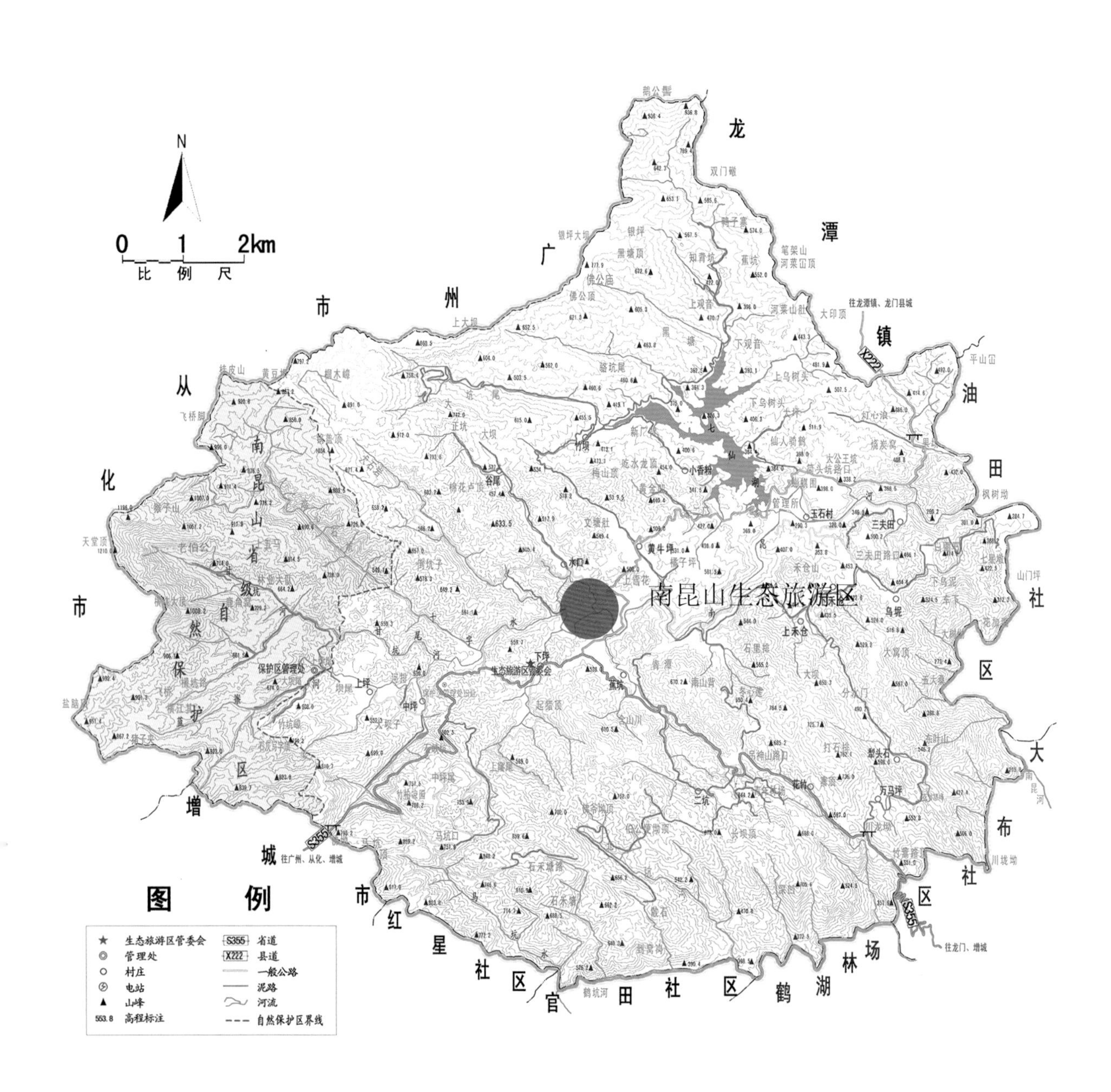

b. 南昆山省级自然保护区在南昆山生态旅游区的位置

附图 1　南昆山省级自然保护区总体规划区位图（2011-2020）

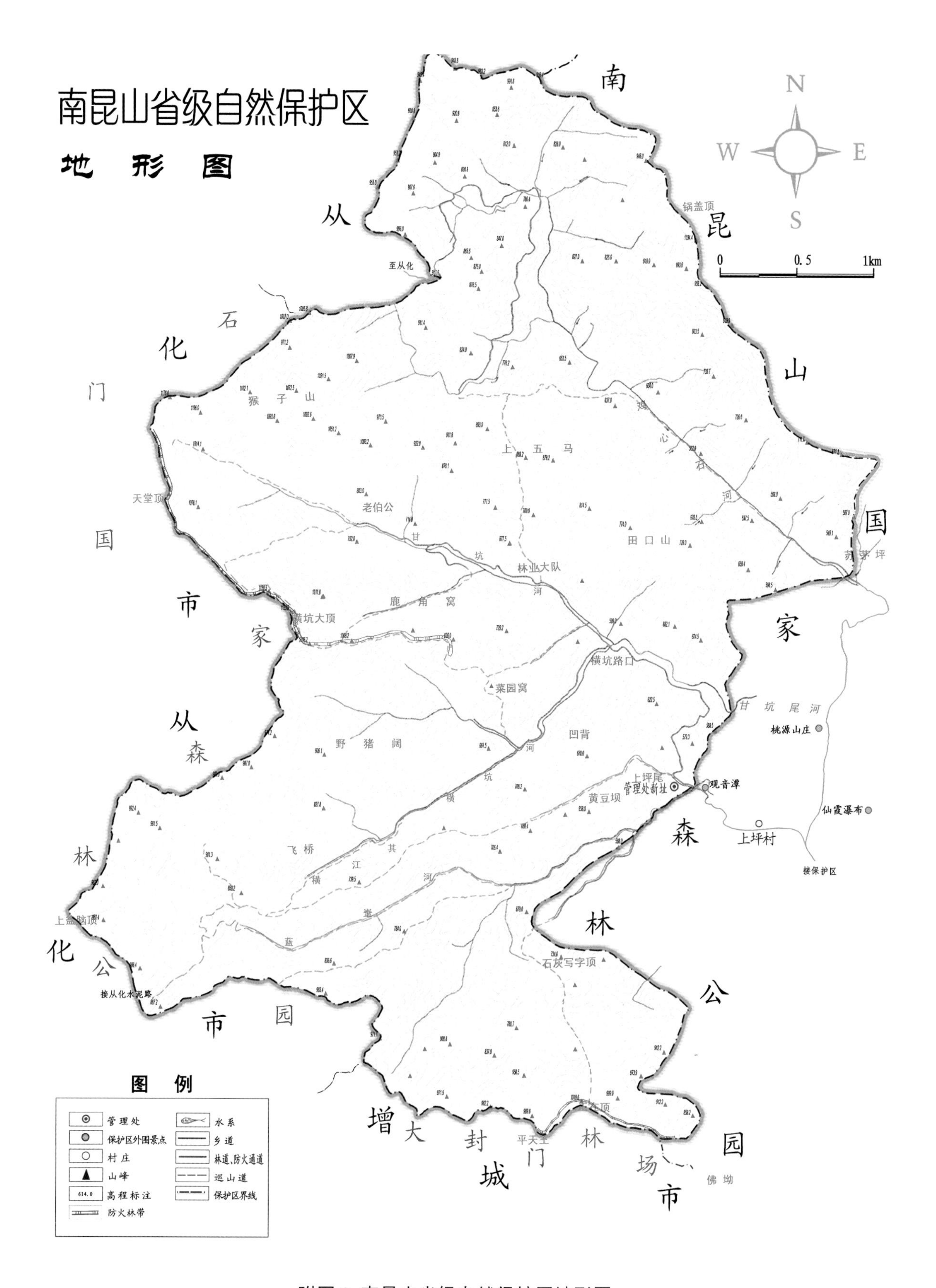

附图 2 南昆山省级自然保护区地形图

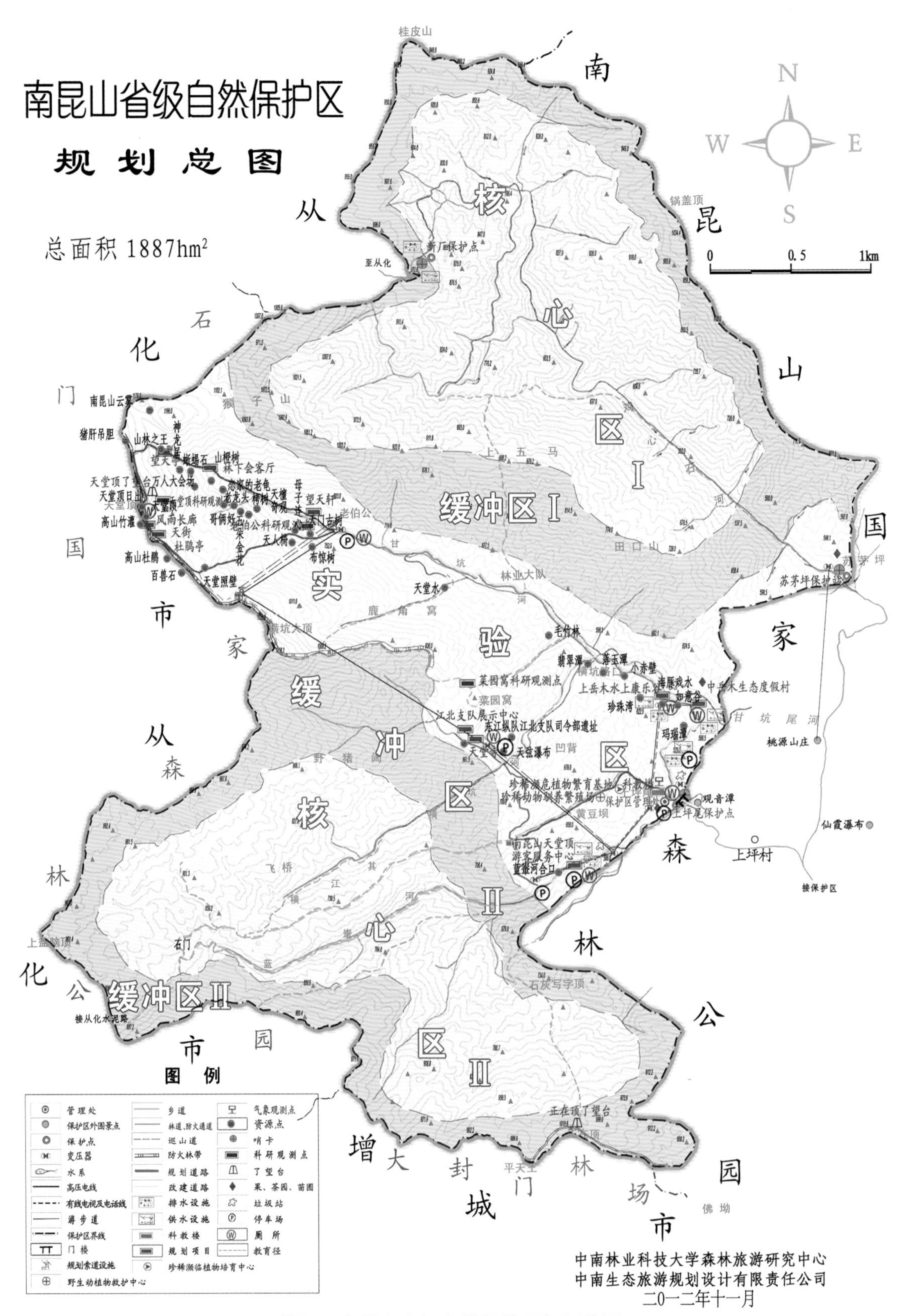

附图 3 南昆山省级自然保护区规划总图

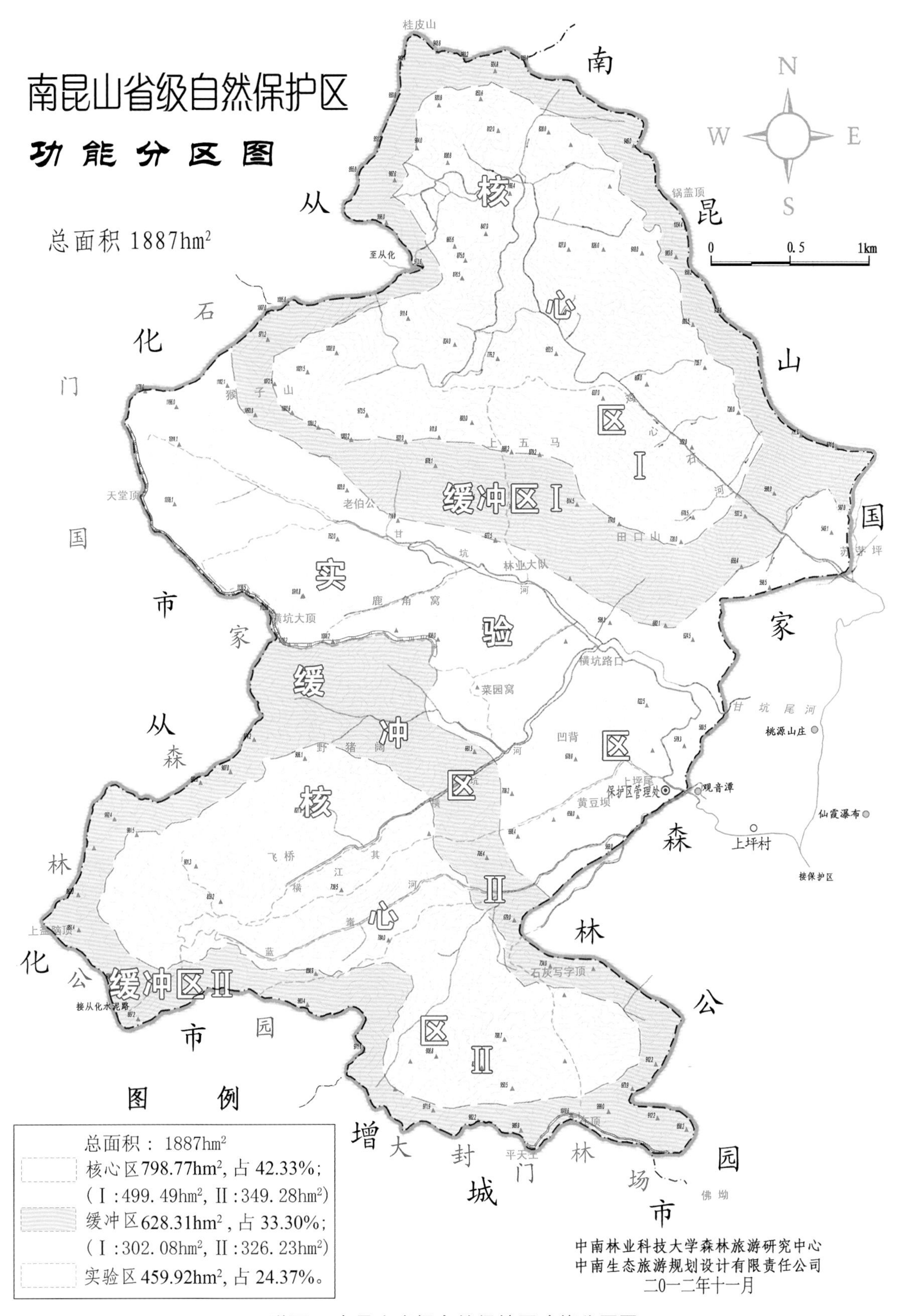

附图4 南昆山省级自然保护区功能分区图

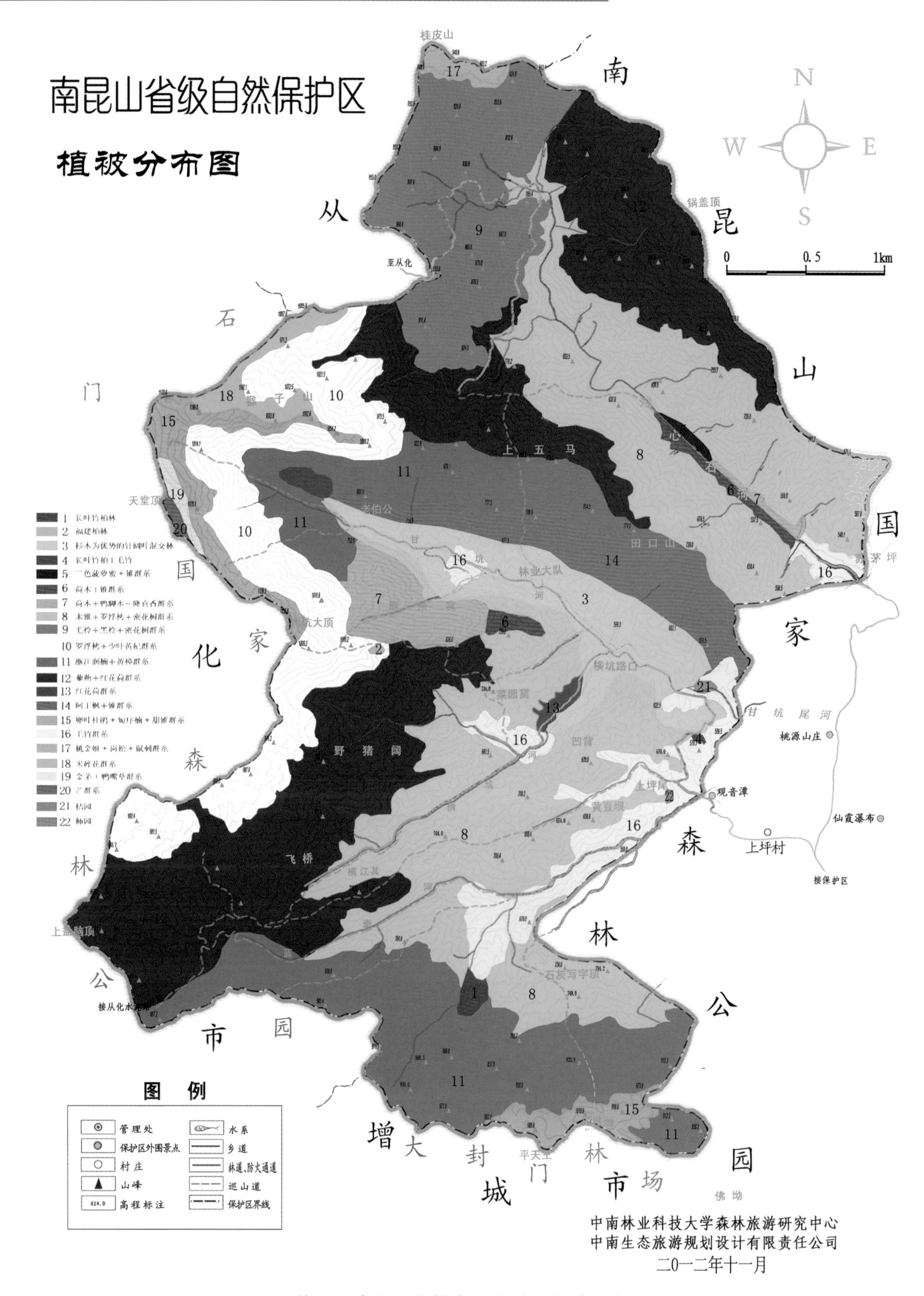

附图 5 南昆山省级自然保护区植被分布图

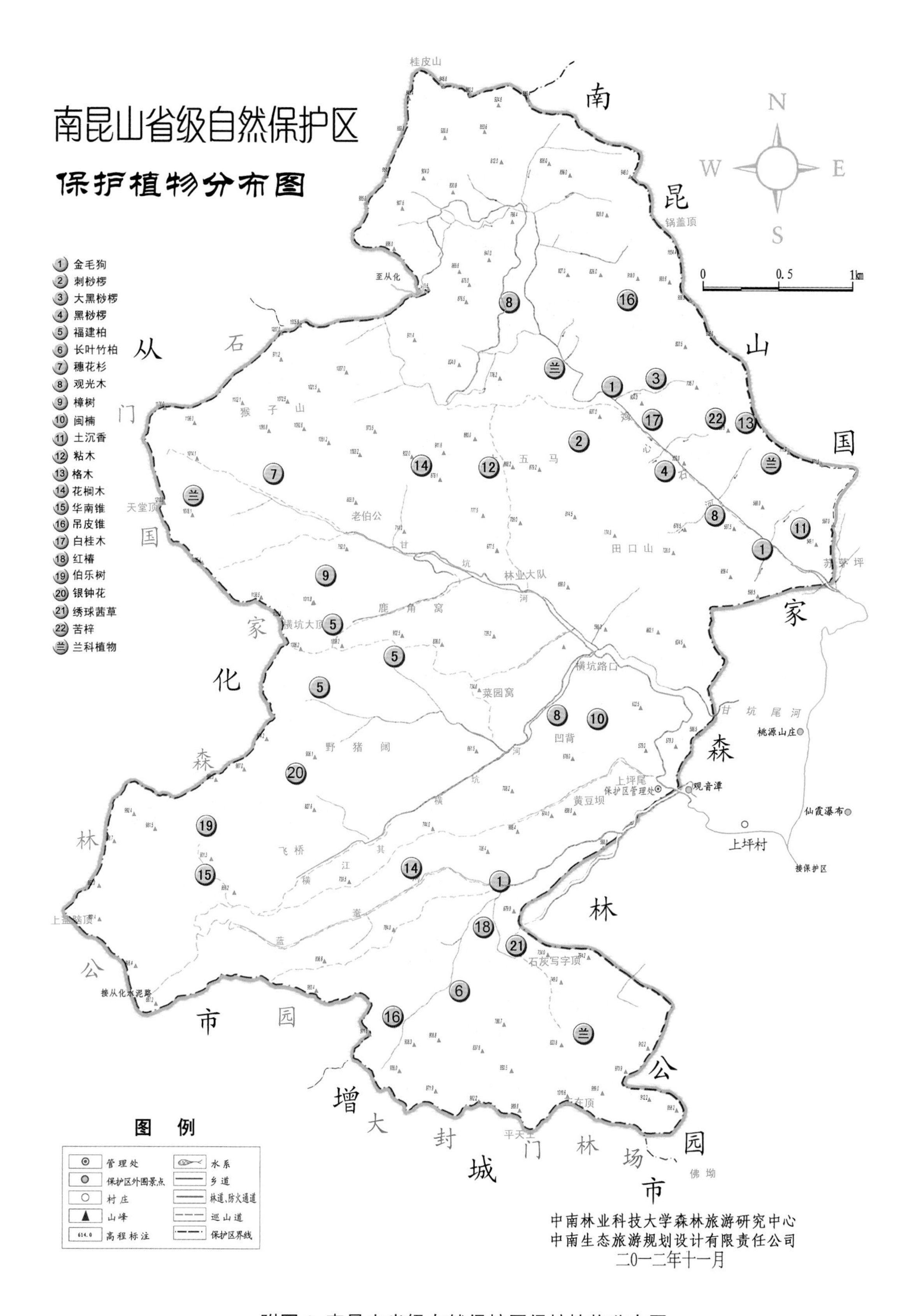

附图 6 南昆山省级自然保护区保护植物分布图

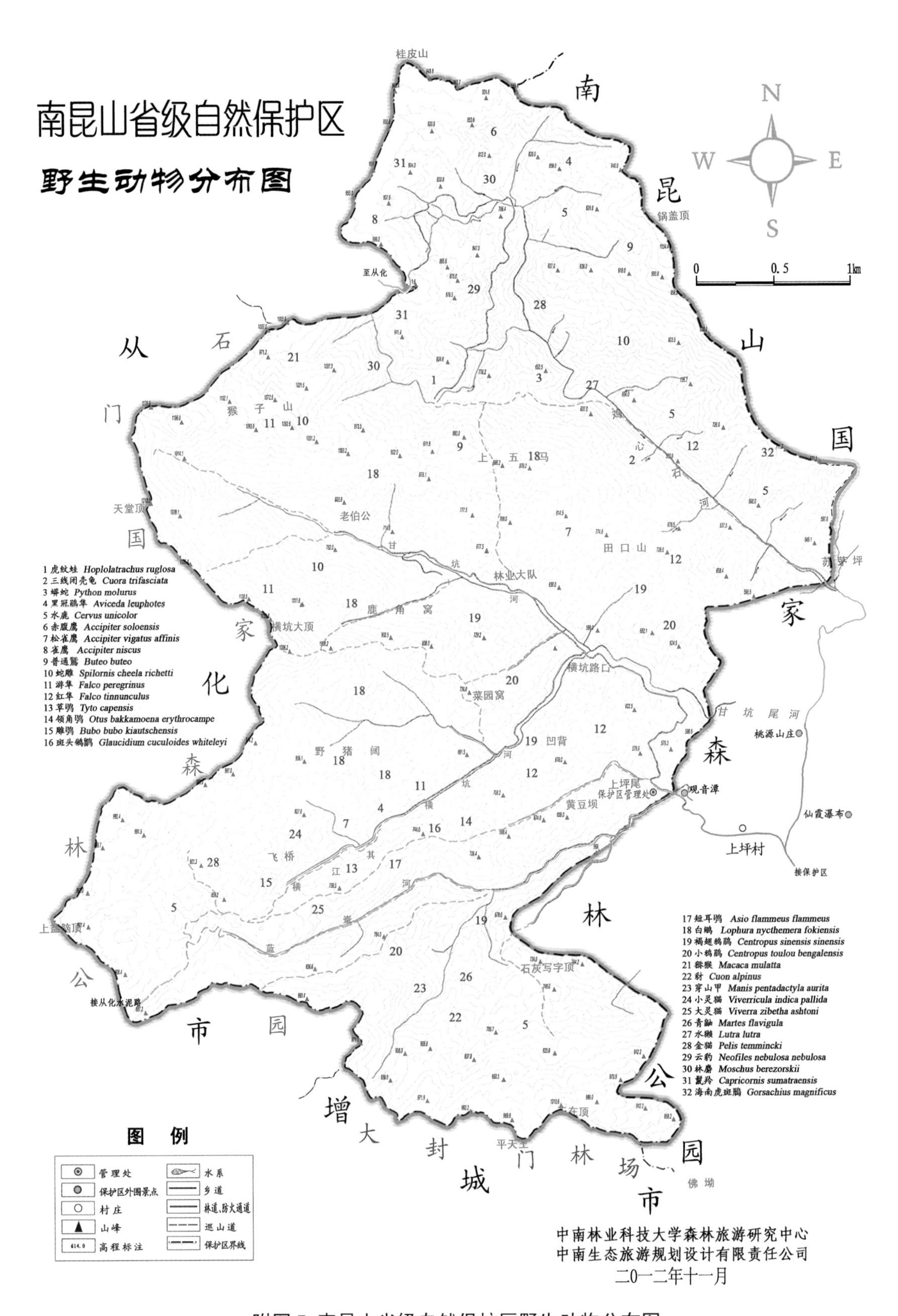

附图 7 南昆山省级自然保护区野生动物分布图

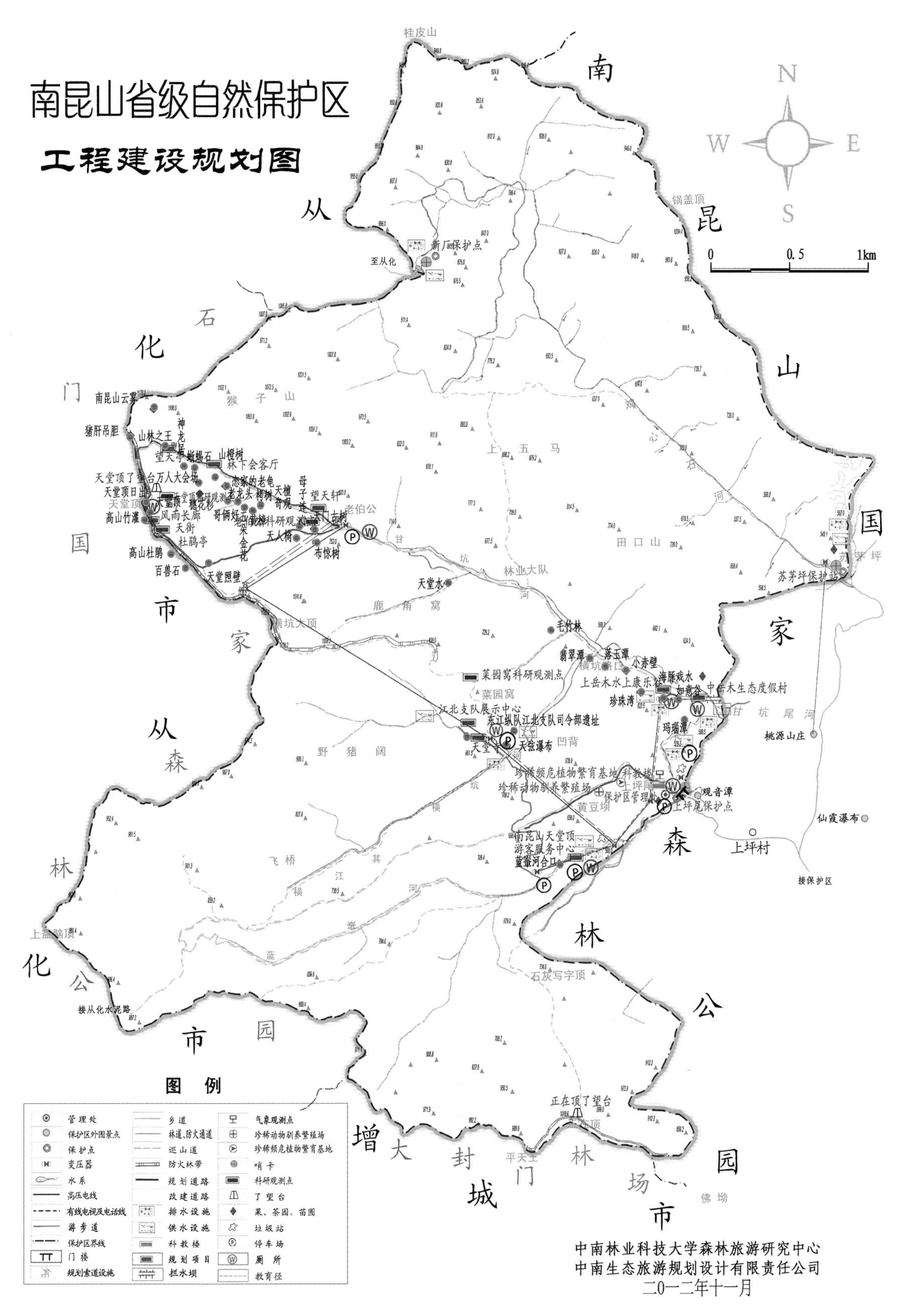

附图8 南昆山省级自然保护区工程建设规划图

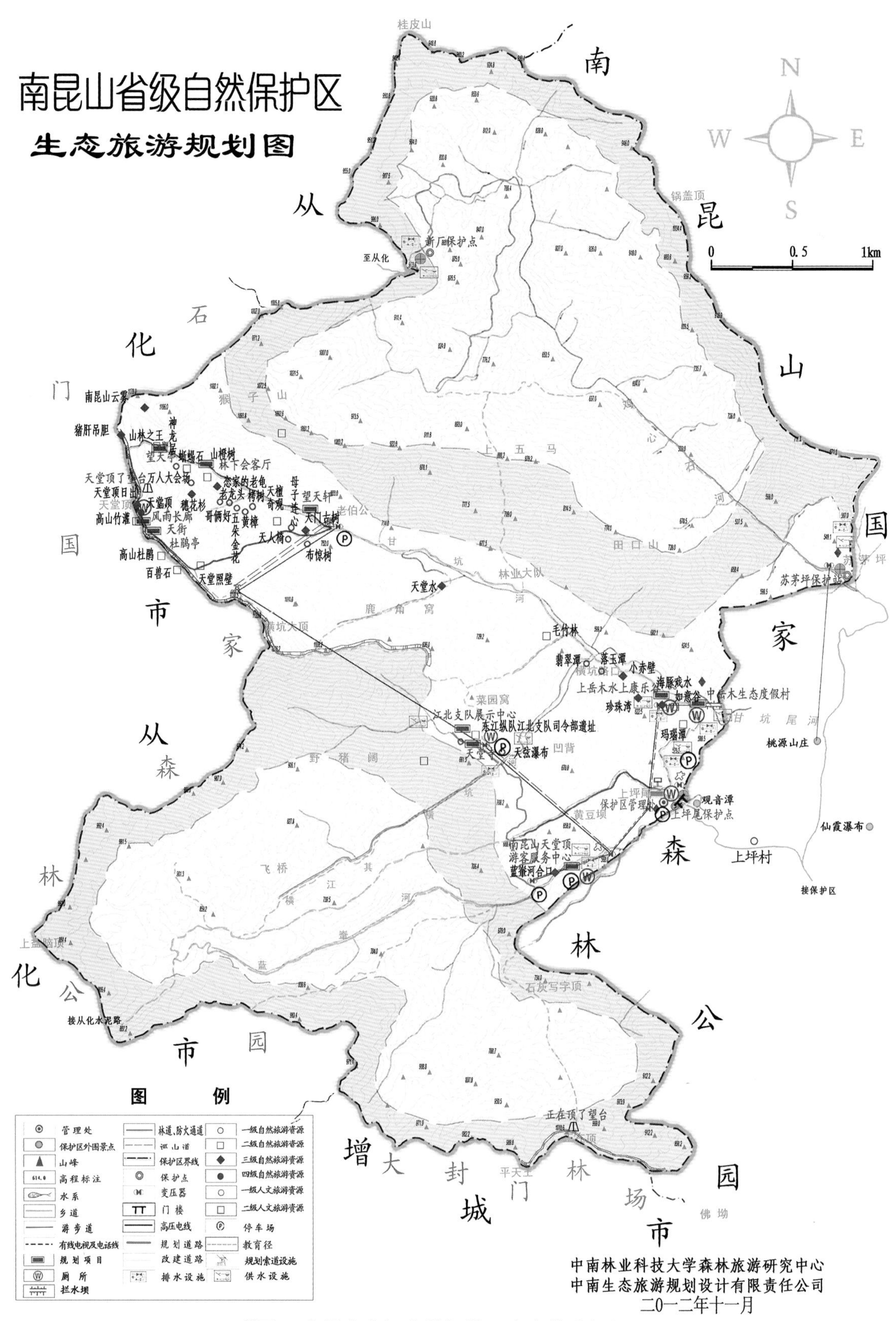

附图 9 南昆山省级自然保护区生态旅游规划图

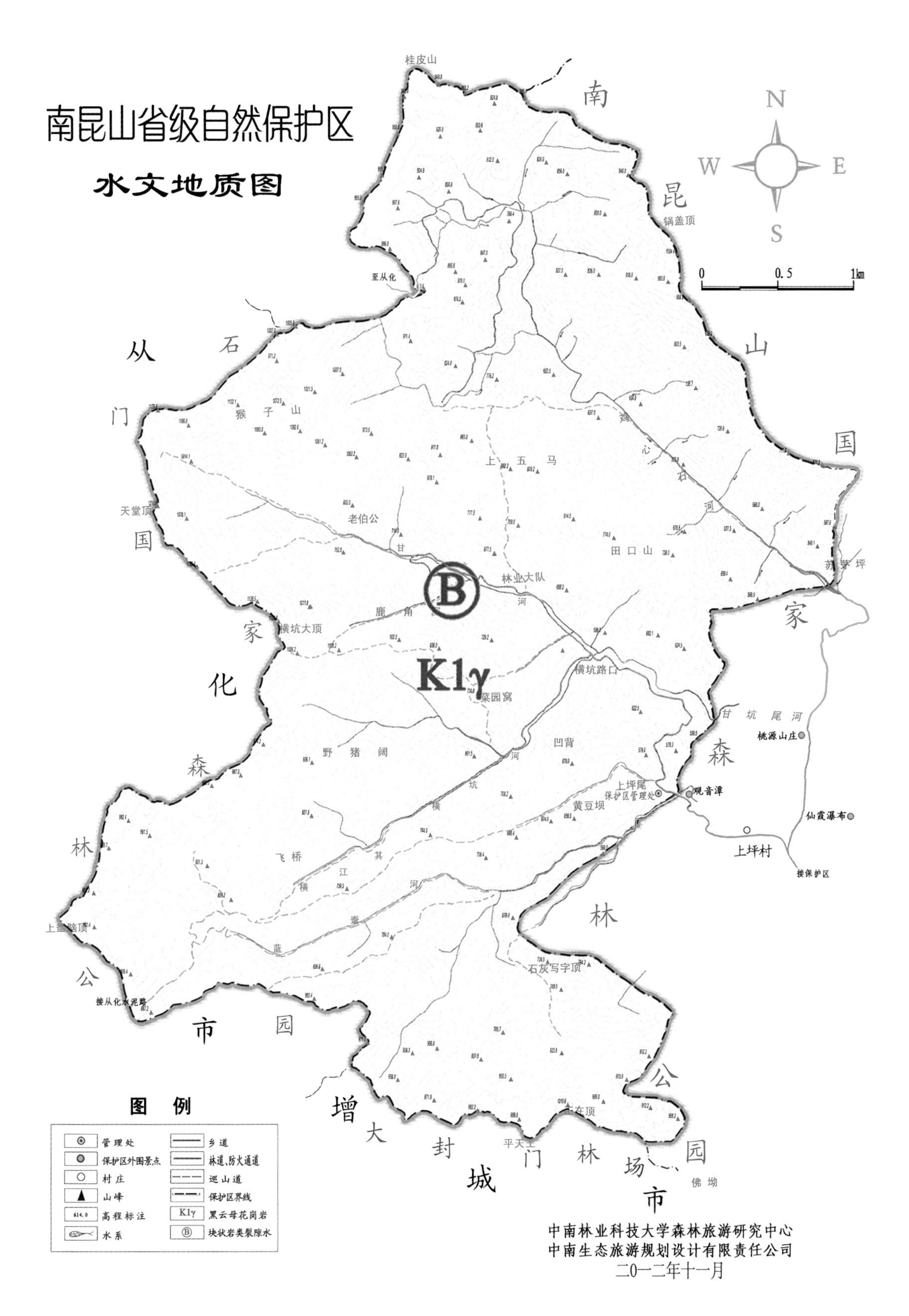

附图 10 南昆山省级自然保护区水文地质图

四、批复文件和证件

龙门县人民政府《关于建立南昆山自然保护区的报告》（龙府[1983]79 号）

龙 门 县 人 民 政 府

关于建立南昆山自然保护区的报告

龙府［1983］79 号

广东省人民政府：

龙门县南部的南昆山系横跨龙门、增城、从化三个县，面积 40 多万亩，其中龙门县南昆林场 18 万亩，现有人口 2 950 人，林场职工干部 100 人。省、市已把南昆山定为旅游区，开发旅游业。

南昆山位于北纬 28º 38′，东经 114º 38′，恰在北回归线上，主峰天堂顶海拔 1 228 公尺，西南距广州市 120 公里，西距从化温泉 43 公里。南昆山属南亚热带，气候温和，雨量充沛，动植物资源十分丰富，是广东省少有的一个绿色宝库，也是北回归线上 座巨大的绿色迷宫。

为了维护南昆山的生态平衡，发挥其生态优势，促进南昆山区的社会主义建设，我们要求在南昆山建立自然保护区。

建立自然保护区有优越的自然条件

（一）、植、动物资源丰富。南昆山现保存有 10 万亩南亚热带常绿阔叶林，据初步统计，这里的高等植物有 2 000 多种，其中经济林木 52 科，128 属，500 多种。除栎、桐、栲、柯、竹柏、红花荷等特征种外，尚有福建柏、观光木、格木、穗花杉等珍贵植物或活化石植物，还有走马胎、杞戟、灵芝等中草药，多种兰花以及丰富的大型真菌、地衣、苔藓和蕨类植物。南昆山又是龙门、增城、从化三县野生动物的主要栖息地，广东省境内大多数的野生动物均曾在这里发现过，较珍贵的有苏门羚、水鹿、熊、虎、云豹、灵猫、小灵猫等。而毛鸡、山鹰、猫头鹰、山雀、啄木鸟、白鹇鸟、红嘴相思等近八十种鸟类，则终年活动于山林之间。

（二）、水利资源丰富。据勘测，仅龙门县境内南昆山水系的水电资源就有二万千瓦，保留好南昆山的自然林，既有利于南昆山水利资源的开发和利用，也有利于溪流河、东江水系对广州的供水。

（三）、有利于开展科学研究。由于南昆山内各种动植物和水力资源丰富，又靠近广州市，因而对开展科学研究和教学实习十分有利。目前中央林业部与省林业厅、华南农学院等单位协作。在南昆山建立南方遥感实验场，华南农学院、中山大学也相继到南昆山进行教学实习。

南昆山的自然条件是很好的，但长期以来由于人类经济活动的结果，自然生态系统已不同程度地受到干扰破坏，自然林面积日益缩小。在林木砍伐严重的地段，已出现沟谷干涸，水源枯竭等现象。许多珍稀动物遭到诱捕和射杀，或因自然林面积的缩小和结构的变化而失去良好的栖息地，无论品种或数量都不断地下降，或濒临灭绝。因此，在南昆山建立自然保护区，加强自然保护，既可以维护自既生态系统平衡，又有利于促进旅游业的发展。

二、主要保护对象

自然保护区的主要保护对象是：南亚热带常绿阔叶林；活化石植物穗花杉、珍贵植物观光木、格木、福建柏、优良的用材、油料兼用树竹柏、优美的观赏树红花荷；珍稀动物苏门羚、山鹿、灵猫和各种鸟类。

三、自然保护区的主要规划设施：

1. 一级保护区以横坑为中心，面积 2 － 3 万亩，目的在于保护南亚热带常绿阔叶林自然生态系统及其所含的特有和珍稀生物资源，专供科研和监测之用。二级保护区以甘坑、横岗旗为中心，面积 3 － 4 万亩。

2. 建立保护站，设站长 1 － 2 人，护林员 12 人。

3. 建立保护区界桩，开设保护防火界和巡山林道。

为了完成以上设施，预计需要如下经费：

1. 保护站工作人员工资费用每年 2 万元。

2. 保护站房建经费 3 万元。

3. 保护区界桩、防火界、巡山林道设置费用 3 万元。

4. 保护区 7 万亩森林都是在南昆山林场上坪工区，森林封禁保护后该工区内 500 多人的生活有困难，五年内每年补贴 5 万元发展经济林，解决群众的生产生活问题。

上述经费，要省给予支持解决。

以上报告当否，请批示。

抄报：广东省林业厅

广东省人民政府《关于建立惠东古田等六个自然保护区的批复》（粤办函［1984］398号）

广　东　省　人　民　政　府

粤办函［1984］398号

关于建立惠东古田等六个自然保护区地批复

省林业厅：

粤林便（84）21号报告收悉。省人民政府同意建立惠东古田、深圳内伶仃岛、大埔丰溪、龙门南昆山、乳阳八宝山、吊罗山白水岭等六个森林生态系统动植物自然保护区。面积14 560公顷。其中，古田3 600公顷，内伶仃岛500公顷（附设福田沙头红树林等雀鸟保护点340公顷），丰溪1 060公顷，南昆山4 000公顷，八宝山1 400公顷，白水岭4 000公顷。每个自然保护区设立一个管理站。惠东古田、深圳内伶仃岛两个保护区所需编制人员，由你厅会同编委下达，其余保护区在当地国营林业局、林场内部调剂解决。建立自然保护区所需要的业务经费，由你厅分别给予适当补助。

一九八四年四月二十九日

广州市龙门县南昆山林场

关于上坪片部份山林
划归自然保护区管理协议书

为了开展林业科学研究，维护南昆山自然生态平衡和促进南昆山区的社会主义建设，根据省人民政府粤办函〔1984〕398号文批准建立南昆山森林生态系统动、植物自然保护区。对于有关保护区面积范围及其他事项等问题，经林场、下坪乡府干部及上坪村、河排村、中坪村干部及群众代表于一九八四年十一月十日至十二日座谈会协商确定如下：

1. 大家认为南昆山自然保护区一定要办。

保护区范围界至：从苏茅坪右边山脊起经锅盖顶到县界（火界）延向天堂顶、横坑顶、正寨顶往竹坑再转过猪竹垠、上坪尾、上岳木与苏茅坪交接（鸡心石、横坑、锅盖头一片为核心区，其他为缓冲区和实验区）。保护区的总面积约为二万六千二百三十三亩（其中核心区13815亩、缓冲区10908亩、实验区1510亩），详细界至按规划图。

另外，以后可根据发展需要（但须经双方协商妥当）仍可扩大保护区面积（由正寨顶、竹坑边界扩大到鬓子坪的漏南公路止）扩大后保护区面积可达三万多亩。

广州市龙门县南昆山林场

2、保护区站址、人员（按省林业厅文件编制）安排由林场党委与县林业局商量确定。

3、上坪、河排两村的水田可改种经济作物。粮食从一九八五年起林场免除上调。目的是弥补划去山林后的损失。

4、上坪圩的山林无偿划归保护站管理后，以后当地群众生活有困难，管理站、林场要汇同下坪乡及有关村根据实际情况向上级及有关部门反映，争取上级扶持。如上级有拨给当地群众解决生活、发展生产的补助款，应全部给当地有关村，做到专款专用，任何单位不得克扣。

5、保护区内的一切动、植物资源，均受到绝对保护，不得随意受人为干扰和破坏（具体措施按对保护区自然资源保护条例执行）。要求在保护区附近居住的群众应积极支持协助管理站做好自然资源的保护工作。

6、保护区内缓冲区的竹、木可根据综合治理、合理利用的原则，经保护区主管部门同意生产的情况下，并由管理站派员规划后进行砍伐（谁要求砍伐谁负责劳力），产品收益归所属单位或村（林场的归场，其余归村）

7、以上条款从一九八五年一月一日起生效，有关单位、乡、村共同遵守执行。

（3—2）

龙门县档案馆

广州市龙门县南昆山林场

（此页无正文）

1、龙门县南昆山林场（盖章）
林场代表：林汉波（付场长）
谢锦（付场长）

2、龙门县下坪人民政府（盖章）
乡府代表：袁立（付书记兼乡长）
骆文元（付乡长）
张绍初（付乡长）

3、下坪乡上坪村代表：
张运新（村长）、邓锦新
张房恩、张土标、张其东、
张伯胜、张绍文、林天福、
马各养。

4、下坪乡河排村代表：
钟木朋（付村长）周斗光（村长）
钟水生、钟金球、周统养

5、下坪乡中坪村代表：
张伯昌、张万文

6、南昆山自然保护区管理站（盖章）
管理站代表：曾瑞昌

一九八四年十一月十五日订

共印七份

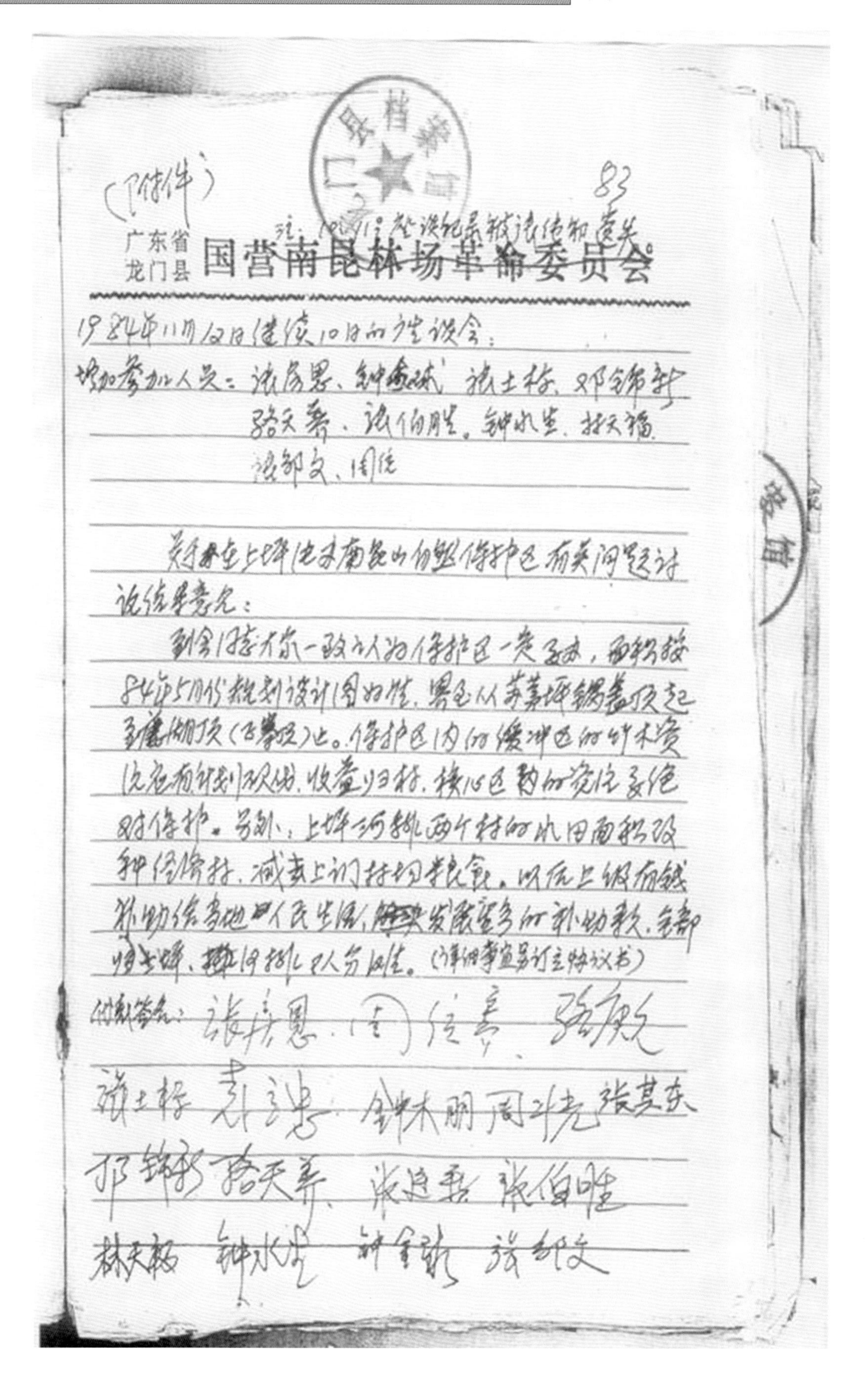

（附件）

83

广东省龙门县 国营南昆林场革命委员会

1984年11月12日继续10日的座谈会：

增加参加人员：张庆恩、钟金球、张士标、邓锦钧、骆天养、张伯胜、钟水生、林天福、张邹文、周德

关于要在上坪建立南昆山自然保护区有关问题讨论结果意见：

到会同志大家一致认为保护区一定要办，面积按84年5月份规划设计图的界，界至从茅草坪锅盖顶起至仙湖顶（石峰顶）止。保护区内的缓冲区的竹木资源应有计划地采伐、收益归村，核心区内的资源要绝对保护。另外：上坪、河排两个村的水田面积改种经济作物，减去上调村的粮食，以后上级有钱补助给当地人民生活，要求发展多的补助款。各部门上坪、河排人分配。（详细事宜另订立协议书）

附款签名：张庆恩（章）德亮 骆庚文
张士标 彭斌 钟木朋 周德光 张基东
邓锦钧 骆天养 张追熙 张伯胜
林天福 钟水生 钟金球 张邹文

龙　门　县

山权林权证

N0　0000015

龙　门　县　人　民　政　府　颁　发

[illegible]

龙门县山权林权证

龙林证字第 NO 0000019

持证单位：南昆山自然保护区

土名	种类	面积亩	四至界址				备考
			东	南	西	北	
埂岭	阔叶	弍万	由北往南 913.4 867.2	由西起往东，上盐盘顶，P64.1	由北往南向往盘山 1022.0 P48.4	由西往东向往盘山 1022.0	
新厂、老厂	林	捌	8P8.4 P31.0 P46.0	P06.4 887.2 868.1	P50.8 P51.2 955.0	P84.8 P81.6 P17.4	
茅莠坪	杉	仟叁	P7?.0 锅盖顶 1028.0	P33.4 P07.8 P71.1 P72.0	P87.0 1005.8 1007.0	0	
上坪尾	林	佰	1034.4 P58.2 P1P.0	P63.P P71.9 P82.2	1037.6 1178.0 1162.0 天堂顶		
甘坑	竹林 0	零伍	锅盖顶 8P8.2 82P.0	P8P.8 李天王 1001.7	1210.0 1189.2 1136.4		
横坑		亩 0	707.7 686.3 587.0	盘顶 0	1121.6 1138.5 横坑大顶		
石灰窑			茅莠坪 502.3 5P8.5 65?.0		1137.8 1081.9 961.7 102P.6		
			618.P 甘坑河 588.5	0	P68.7 上盐盘顶 P64.1		

上坪尾 568.0 61P.0 67P.0 646.0 734.0 石灰窑顶 [illegible]

盘顶 P73.P 9P2.2 810.7 73P.0

填证人：刘炳佳、赖石金

广东省机构编制委员会文件

[illegible]号

关于核定广东龙门南昆山省级自然保护区编制的批复

[illegible]：

[illegible]号文悉。[illegible]机构编制委员会同意核定广东龙[illegible]2名，经费由省财政厅拨给。

[illegible]

广东省[illegible]委员会办公室

一九[illegible]年[illegible]五日

[illegible]人事厅、劳动厅、卫生厅，

[illegible]

[illegible]委员会，龙门县政府、机构编制委员会

龙门县人民政府

龙府函〔2000〕7号

关于由县林业部门接管南昆山省级自然保护区管理站的请示的批复

县林业局：

你局《关于由县林业部门接管龙门县南昆山省级自然保护区管理站的请示》收悉。根据国家自然保护区管理法规的规定及省、市林业部门的意见，经2000年1月11日县政府常务会议研究，作如下批复：

1、同意南昆山省级自然保护区归口县林业局管理，业务上接受省、市林业部门指导。

2、具体的交接手续由省、市、县林业部门会同县政府办公室、南昆山镇政府办理。

3、根据省林业厅意见，归口管理后，管理站拟定为副科级建制，待报请县委审定后正式确定。经费来源及编制问题请你局请示省、市林业部门明确后，具体由县编制管理部门确定。

龙门县人民政府

二〇〇〇年一月二十六日

主题词：林业　管理　批复

（印15份）

广东省机构编制委员会办公室文件《关于龙门南昆山自然保护区机构编制的函》（粤机编办 [2002]172 号）

广东省机构编制委员会办公室文件

粤机编办 [2002]172 号

关于龙门南昆山自然保护区
机构编制的函

省林业局：

粤林 [2002]71 号文悉。根据省人民政府《转发广东省人民代表人大常务委员会关于加快自然保护区建设的决议的通知》（粤府 [2000]1 号）精神，按照省编办、财政厅粤机编办 [2001]387 号文的规定，同意成立广东龙门南昆山省级自然保护区管理处，副处级事业单位，由省和龙门县共管、以龙门县为主。主要任务：负责龙门南昆山自然保护区的具体管护工作。核定事业编制 12 名，其中主任 1 名，副主任 1 名。人员经费由省财政核拨。

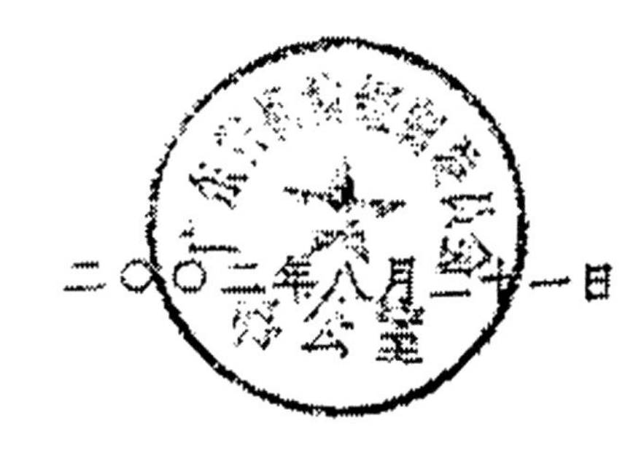

二〇〇二年八月二十一日

主题词：机构　林业　保护区　通知

抄送：省人大常委会办公厅，省府办公厅、财政厅、人事厅、劳动保障
惠州市、龙门县机构编制委员会。

广东省机构编制委员会办公室综合处　　2002 年 8 月 28 日印发

龙林证字 (2004) 第 000952 号林权证

_龙_林证字（2004）第 000952 号

根据《中华人民共和国森林法》规定，本证中森林、林木、林地所有权或者使用权，业经登记，合法权益受法律保护。

特发此证

发证机关

2004 年 12 月 8 日

森林、林木、林地状况登记表

04413241508JDSYMSY005191 NO.1

林地所有权 权利人	广东南昆山省级自然保护区管理处	林地使用权 权利人	广东南昆山省级自然保护区管理处
森林或林木 所有权权利人	广东南昆山省级自然保护区管理处	森林或林木 使用权权利人	广东南昆山省级自然保护区管理处
座落	南昆山上坪		
小地名	/	林班 /	小班 /
面积	1 887 公顷	主要树种	阔、杉、竹
株数	/	林种	防护林
林地使用权	年	终止日期	/
四 至：东：见附件			
南：见附件			
西：见附件			
北：见附件			
注记：广东省南昆山省级自然保护区管理处所有。			

填证机关

经办人 （机关印） 负责人

2004 年 12 月 8 日 2004 年 12 月 8 日

中共惠州市委组织部、惠州市人事局、惠州市机构编制委员会办公室文件《关于我市省级自然保护区管理体制有关问题的批复》（惠市组干复 [2006]9 号）

中共惠州市委组织部
惠州市人事局文件
惠州市机构编制委员会办公室

惠市组干复［2006]9 号

★

关于我市省级自然保护区管理体制有关问题的批复

市林业局：

《关于要求理顺省级自然保护区管理体制的请示》（惠市林［2006]7 号）收悉。根据省委组织部、省编委和省财政厅有关“省级自然保护区由省与市、县共管，以市、县管理为主”的精神，为便于加强管理，加快自然保护区建设步伐，经研究，现就我市省级自然保护区管理体制有关问题批复如下：

一、我市的南昆山、罗浮山、古田、莲花山白盆珠省级自然保护区管理处人事关系划归市林业局统一管理，党组织关系属地管理。管理处工作人员的工资福利、社会保障等可参照市直副处级事业单位标准执行。

二、省级自然保护区管理处主任由市委讨论决定任免，任免前征求省林业局党组意见；管理处副主任由市委组织部讨论决定任免，任免后报省林业局备案；管理处正、副主任的任免，市委组织部应注意听取市林业主管部门和有关县委的意见；管理处中层干部由市林业局党组讨论决定任免，任免前应征得有关县委组织部门同意。

此复

主题词：机构　管理体制　批复

抄报：省林业局

抄送：市直有关单位，惠东县委、博罗县委、龙门县委

中共惠州市委组织部秘书科　　2006 年 3 月 23 日印发

（共印 30 份）

五、评审意见和专家签名

《广东龙门南昆山省级自然保护区总体规划》

评审意见

2009年1月18日，广东省自然保护区管理办公室在南昆山主持召开《广东龙门南昆山省级自然保护区总体规划》（以下简称规划）专家评审会。参加会议的专家来自中山大学、华南农业大学、华南师范大学、广州大学、中国林科院热带林业研究所、华南濒危动物研究所等单位的专家（名单附后）。省、市、县林业部门代表参加了会议。评审专家考察了南昆山省级自然保护区，认真审阅了规划文本，听取了总体规划编制单位的汇报，经讨论和审议，形成如下评审意见：

1. 规划从社会经济状况、野生动植物资源及保护、环境因子、条件及质量等方面进行详细调查与规划。规划指导思想明确，定位合理，依据充分，规划目标符合南昆山的实际和未来发展的趋势。

2. 规划布局和功能分区基本合理，重点保护建设工程合理，主要保护措施切合实际。投资估算和效益分析较合理，组织实施计划可行，符合国家相关政策法规的要求。

3. 规划文本规范、专题研究报告和图件较齐全，具有一定的深度和广度，可操作性较强，符合国家有关自然保护区总体规划的要求。

4. 建议：

（1）正确处理好保护与利用的关系，适度控制生态旅游的规模与工程建设强度。

（2）加强生态廊道的建设。

与会专家一致同意通过《广东龙门南昆山省级自然保护区总体规划》，并要求编制单位根据专家和有关部门的意见进行修改完善，尽快上报主管部门批准实施。

专家组组长：

2009年1月18日

《广东龙门南昆山省级自然保护区总体规划》

评审委员会名单

姓　名	单　　位	职称职务	评审会职务	签　名
彭少麟	中山大学生态与进化研究所	教授 所长	主任	[签名]
徐正春	华南农业大学林学院	教授 院长		[签名]
陈北光	华南农业大学	教授		[签名]
黄金玲	广州大学	教授		[签名]
徐颂军	华南师范大学	教授		[签名]
李意德	中国林科院热带林业研究所	研究员		[签名]
彭建军	华南濒危动物研究所	教授		[签名]

关于1984年落实南昆山保护区范围及面积的情况证明

1983年12月5日，龙门县人民政府向省政府呈报了《关于建立南昆山自然保护区的报告》（龙府〔1983〕79号）。1984年4月29日，省政府作出了《关于建立惠东古田等六个自然保护区的批复》（粤办函〔1984〕398号），同意建立南昆山省级自然保护区，面积为4000公顷。之后，县政府要求由县林业局组织落实具体的范围和面积，当时我在县林业局任局长，由我带着谢镇南同志到南昆山具体落实此事，经组织南昆山林场、下坪乡人民政府和上坪、河排、中坪村相关负责人多次讨论与实地查勘后，我于1984年5月绘制出了《龙门县南昆山自然保护区规划图》，并要求南昆山林场、下坪乡人民政府及上坪、河排、中坪村与保护区签订一份协议书，以文字的形式落实下来，最终于1984年11月15日签订了《关于上坪片部份山林划归自然保护区管理协议书》。协议书上的四至界线与规划图上的界线相吻合，面积约二万六千多亩。该范围的山林，是属于上坪、河排二个村的，中坪村的部分山林只作扩大意向，因此，在协议书上规定，可根据发展需要扩大保护区面积，范围是中坪村的蜜子坪一带山林，面积可扩大到三万多亩，但须经双方协商妥当。由于当时南昆山村

民已主要靠砍伐木材和竹子维持生活，因此，中坪村大部分村民不同意将该处山林划归保护区管理，加上保护区的建设和管理资金严重不足，难于扶持当地群众，直到1987年我调离龙门到广州市林业局工作后，仍未实现扩大面积的愿望。现听说保护区上级主管部门及相关部门想了解当时落实保护区范围和面积的情况，我很乐意作出证明，如需更详细的情况，可直接打电话给我，我的电话是13538883555。

特此证明。

证明人：陈策

二〇一二年九月一日

关于拟将中坪村山林划给保护区管理但未落实的情况证明

我叫张伯昌，今年 68 岁，1983 年至 1989 年任中坪村队长（其中 1986 年是张来胜同志任队长）。1984 年省政府批准建立南昆山保护区后，实地落实保护区的四至范围和面积，经林场、下坪乡政府干部及上坪、河排、中坪村干部和群众代表讨论确定，首先落实的是将上坪、河排两个村约二万六千多亩的山林划归保护区管理，且确定了边界线和现场踏实界线；其次是可根据保护区的发展需要，保护区面积可向我村的蜜子坪一带的地方扩大（由正寨顶、竹坑边界扩到蜜子坪的温南公路止）到三万多亩。但到 1989 年南昆山林场体制改革（即将毛竹林、杉木林、荒山分户承包经营）时，均未实现扩大面积。主要原因是：一是属中坪村的山林面积不多，属我村范围的树木已基本砍得差不多了，只剩下蜜子坪一带的树木较好，要靠砍这一带的树木和毛竹解决我们村 200 多人的生活问题（当时，竹、木由林场统一下达砍伐指标到村，并实行统购统销，我村有 35—40 个劳动力靠砍竹来计算工酬的）；二是建立保护区后，保护区发展困难，原林场统一安排 9 个职工的工资都保障不了，没有资金支持将山林划给保护区的上坪村和河排村，虽然保护区曾瑞灵站长（已故）多次到

我村做工作，但绝大多数的群众都不同意将山林划归保护区管理；三是 1989 年林场体制改革，已将蜜子坪一带的毛竹林和杉木林分给了全村的村民承包经营，保护区的面积扩大就更难实现了。

虽然我们村在八十年代初有将部分山林划归保护区管理的意向，并在确定保护区的边界参加了各种会议和讨论，但未能实现保护区扩大面积的愿望，这是一段历史问题，在当时生活和工作那么困难的情况下，恳请现在的干部们多多理解和体谅，本人在此深表歉意！

证明人：

二〇一二年九月一日